天下文化
BELIEVE IN READING

晶華菁華

潘思亮

從成長到重生的
經營抉擇與哲思

BRING BEST OF WORLD TO TAIWAN
BRING BEST OF TAIWAN TO WORLD

攝影師：陳炳勳

飲水思源

潘思亮　自序

在我還是個孩子的時候，就已經發現浩瀚世界充滿可以學習的人事物。經營晶華超過三十年，我從來不覺得只是在經營服務業，更多時候是學習如何以美學設計與國際觀，打造一個更美好的世界。

這得回溯到童年，自我有記憶以來，我的玩具就是父親從國外帶回的火車鐵道模型，多到幾乎可排滿整個客廳，還有各式各樣的樂高積木，因此，我從小對建築設計就感興趣。

大哥潘思源大我十四歲，他喜歡看軍事雜誌與書籍，也著迷西洋老歌，每年暑假回高雄開 Home party，就訓練年僅五、六歲的我當派對小DJ，啟發了我對軍事、音樂的愛好。我十五歲出國，投靠已住在舊金山的大哥，大嫂翁貴瑛非常照顧我，她生了五個小孩，所以家裡很熱鬧，永遠都有東西吃。現在，她在高雄老家延續父親創辦的祥和慈善基金會。

我的國際觀、哲學觀受到大我十歲的二姐潘碧清影響。她讀文藻外語，除了英文、西班牙文、法文，還曾念西洋文學，在家裡，我們的書桌是對坐的，她什麼都跟我分享，像是《唐吉訶德》(*Don Quixote*)、莎士比亞巨作裡的書中智慧與金句，也幫我打底外文基礎。我等於是她帶大的「小弟」，她跟男朋友，後來成為二姐夫的麥格彰醫生約會，我都是他們的電燈泡，一起看電影、吃牛肉麵。

我還有位大姐潘碧珍，她在高雄遠百工作時，遇到大姐夫李孔文，結為夫妻。記得父親因為幫一家加工出口區的大田公司作擔保，但公司出問題，大姐夫進場重整，他奇蹟似轉變了大田，成為世界級的高爾夫球具公司，還一度成為上櫃股王。我要特別感謝他們在高雄照顧爸爸、媽媽的晚年。

大哥思源的名字是取自「飲水思源」，至於「思亮」的命名緣由，父親沒有特別說明，不過，英文有個「The light at the end of the tunnel（隧道盡頭的光，意喻苦盡甘來）」片語倒是滿符合我的名字。想想，經營晶華的過程中，遇上的幾次大危機，也都驗證了這個道理。

在本書開始之前，容我飲水「思源」過去三十年裡，雖然功成身退但對晶華發展有著關鍵貢獻的三位靈魂人物，剛好也代表了晶華的每一個十年。

一九九〇年到二〇〇〇年的靈魂人物，是台北晶華酒店第二任總經理、瑞士法裔杜尚平（Jean-Pierre Dosse）。杜尚平原為全球麗晶餐飲部副總經理，開過四、五間麗晶酒店的餐廳，到台北晶華酒店任職也是他人生第一次擔任飯店總經理。

在國際餐飲的世界，這位佼佼者為晶華打下良好的餐飲基因，是台北晶華餐飲事業的教父。杜尚平也是一名馬拉松愛好者，時常從飯店跑到圓山、內湖，再折返飯店，本人非常自律，管理風格如治理軍隊，建立起晶華團隊的紀律文化，集團第二代總經理們都曾受到他的指導。

二〇〇〇年後的靈魂人物是集團前執行長薛雅萍，從櫃台基層歷練上來。她是我「撿回來」開發與營運管理兼具的不可多得人才，曾因對室內設計有興趣，決定轉行，離職前，我們在飯店的樓梯巧遇，了解後，我邀請她加入總裁辦公室。

薛雅萍在四十一歲升任集團執行長，負責統籌過許多集團的新專案，像是晶華的館外餐廳，以及執行捷絲旅、晶英、晶泉丰旅的自創品牌項目，更擅長洞察消費行為，讓晶華走出中山商圈，貼近外部市場，擴展集團業務。她為晶華的第二個十多年奠定了發展多元品牌，做大飯店平台的基石，我真心感謝她的盡心盡力，薛雅萍曾任晶華集團的董事。

第三個靈魂人物是麗晶國際酒店集團前總裁奧力士（Ralf Ohletz）。二〇一〇年我收購 Regent，延攬這位傳奇人物來台北總部，擔任集團總裁。他在的二〇一〇年到二〇一九年是集團發展全球品牌的關鍵時代。

奧力士曾與麗晶集團創始人之一、安縵（Aman）品牌創辦人阿德里安．澤查（Adrian Zecha）共事近三十年，也是安縵集團第一個員工，擁有豐富的全球豪華旅館開發籌建經驗。而且，奧力士是家族封爵五百多年的德國貴族後裔，我從他身上學習到許多關於設計的概念與品味，他是我在飯店設計的啟蒙導師。更重要的是，他為集團開展了飯店豪宅綜合體開發營運的新商業模式，成了現今疫後世界裡的晶華未來。

承先啟後，而今統籌飯店轉型提升的靈魂人物，是台北晶華酒店暨集團餐飲董事總經理吳偉正，他從杜尚平時代就加入晶華，一路從基層的義大利餐廳、館外餐廳，再回來管理台北晶華餐飲部，在他的帶領下，台北晶華全方位升級與國際名廚合作，帶動台灣飲食文藝復興。二〇一八年開始，致力打造「Regent City」，整合麗晶精品與飯店資源，打造全方位的精品生活文化場域，提供住宿、用餐與購物的多元服務。疫情下，更連結集團總經理群共好、共學與共創，台北晶華轉型為陸上郵輪 CRUISE，並成功推出跨集團的「晶華美食到你家（Take Regent Home）」電商平台。

除此之外，還有兩位一直守護著晶華的大家長，是我父親倚重的大臣，也算是我的長輩。

一位是於二〇二二年七月退休的集團財務長林明月，他帶領大家平安度過三十年來的驚滔駭浪，是我們穩定的力量，晶華的利潤中心制落實如此成功也是因為有他。另一位是之前領軍集團安全部的古飄萍，他原是中山分局分局長，退休後我們邀請他來坐鎮，人如其名，就像大俠，給了晶華堅強的後盾，我們都叫他「古探長」。

在此，我也要特別感謝晶華國際酒店集團營運長顧嘉慧、晶泉丰旅與捷絲旅台灣區總經理陳惠芳（員工編號二號）、集團南部區域副總裁暨台南晶英總經理李靖文、太魯閣晶英總經理趙嘉綺、集團行銷公關部副總經理張筠、重慶麗晶總經理楊雋翰，以及晶華在二十年前首創的VIP團隊。

晶華的行銷公關團隊在張筠的帶領下，不斷創新求變，尤其是在疫情期間的數位轉型，與經營媒體關係更是難能可貴。晶華也因為社會、媒體的督促和期待，如資深媒體人暨美食家姚舜不吝給予我們中肯的建議與鞭策，讓我們得以持續精進。

VIP團隊是由我那時祕書Debbie協同總經理祕書Juno、CC成立，一開始是希望能代表我本人，款待親朋好友和貴賓們，提供飯店的食衣住宴一站式服務，在SARS時一度貢獻百分之十的營業額。現今在麗晶精品貴賓服務部總監CC、餐飲貴賓服務部協理Jocelyn、餐飲貴賓服務部副協理Jesse三位大將的領導下，延續晶華忠誠厚道的款待精神，全方位服務精品和飯店的貴賓們，新冠病毒（Covid-19）疫情期間更是創下驚人成長。

晶華團隊真是了不起，受到疫情強力衝擊，反而昇華、蛻變，也啟發各行各業在逆境轉型[1]。我們所有飯店和各地同業相較皆數一數二。台北晶華更位居台北三冠王：總營業額最高、餐飲和客房營業額最高、平均每房收益（RevPAR）最高。我由衷感謝每一位晶華人，展現堅忍不拔的毅力和無私奉獻，攜手實現「把台灣最好的帶給世界，世界最好的帶進台灣」的共榮使命。

走過晶華三十年，迎來疫情下的重生，感謝父母在天之靈，保佑晶華和我們全家，給了我智慧和道德勇氣；感謝我太太一路以來的默默守護，她是我能夠全力以赴的力量，也感謝兩位女兒與小兒子，他們讓我的生命充滿光亮。

更要感謝台灣社會對晶華的眷顧，以及所有客人、夥伴、業主、股東、親朋好友在晶華經歷最黑暗的時刻，情義相挺，讓晶華能於逆境中生存，蛻變再重生。在這個不安的年代，願《晶華菁華》帶給大家滿滿的幸福和正能量。

1　晶華集團在疫情期間率先宣布不裁員、不減薪，並建議政府超前部署，實施員工薪資補貼、開設企業培訓專班、減免稅金以舒緩觀光服務業所受的衝擊。集團嚴格執行防疫措施，台北晶華創業界之先，於空調出風口安裝「ＵＶＣ滅菌設備」確保空氣清淨；大門則配備美國軍用等級「紅外線熱像測溫儀」進行體溫篩檢；全館落實消費實聯制、外帶外送美食備餐實名制，以及免下車取餐得來速服務。台北晶華以「打造陸上郵輪」轉型為城市渡假酒店，在三級警戒期間，迅速推出的「晶華美食到你家」電商平台成為全世界飯店產業的創新典範。

作者序
未來，我們要學的自我超越之道

馬克吐溫說，讓我們陷入困境的不是無知，而是看似正確的謬斷。人們對於成功與成就故事的解讀，喜愛歸納與條列所謂的成功法則，但運用到自己所處的世界，依樣畫葫蘆後，葫蘆裡的藥效卻天差地別。這是為什麼？

那些成功法則容易成為謬誤的原因是，過於便宜行事的表象解讀。成功與成就的故事應該要關切的是更真實的內在議題——如何在挑戰與機會之間、在好運與苦難之中進行轉化（transformation）？而且，真正成功蛻變的人，他的生命意義也會在過程尋得。

另一個原因是，我們很難完整複製某個成功榜樣。人與人之間本就存在差異，就算是同一人，每回轉變也如大自然幻化四季，時空情境轉換了，方式也要隨之改變。所謂成功與成就故事裡的吉人天相，主角們從來就不會停留原地，而是欣然與變化共舞，有紀律的啟動自我超越。

運用蝴蝶的隱喻，自我超越過程有如毛毛蟲要到達化蛹的完全蛻變之前，所經歷的一連串預備性脫皮。

別小看這些自我超越的小小轉變，每一次的脫皮都可能會讓毛毛蟲受傷，直到長出新的保護外殼，最後才能進入化蛹成蝶的重生。這也是為什麼在不同古文明裡，像是希臘、墨西哥以及某些古老部落，蝴蝶會被視為靈魂，賦予其重生的意象。

這個世界上，有這麼一大類的人，努力追求著自我超越。如果他們是領導人，就會是一流的催化轉變者——觸發與啟動集體的自我超越，好讓每個人都能實現潛能。這樣的思維若長期落實於事業經營，就會發展出穩定且正面積極的組織文化，能在危機中，帶領團隊轉危為安，甚至轉危為機（機會）。

與集體共同超越

潘思亮就是這類型的領導者。他經營晶華集團的過程，也是他自己與團隊自我超越歷程。無論是二〇〇〇年大股東財務風暴的經營權保衛戰、二〇〇三年以「行動」服務挺過SARS疫情、二〇〇八到二〇〇九年金融風暴逆向自創晶英與捷絲旅的飯店品牌以及決定買下全球麗晶（Regent）品牌經營權，二〇二〇年起新冠疫情下的跨界創新與數位轉型……。

過程中，有過生死關頭的陰霾與混亂，能否存活下來的憂慮與懷疑；也有在危機中修練，對未來的深刻思索；亦有回應了經營意義的問答之後，對永續成長的見解領悟。潘思亮與團隊一次次克服眼前威脅，接受事實且抱持樂觀，尋思改變。晶華也由一九九〇年的一家五星級飯店擴展為旗下擁有多個飯店與餐飲品牌的國際酒店集團，年營收超過新台幣六十五億元，更因年年穩定獲利被讚譽為全台最會賺錢的飯店品牌，穩坐業界龍頭寶座。

全球新冠疫情的艱難是晶華過去三十年遇上的危機總和。當一家一家飯店宣布裁員或關門大吉，潘思亮仍堅持「將心比心」的信念，第一時間宣布不裁員，帶領晶華轉型，逆勢獲利，交出全年合併總營收近五十五億元，稅後淨利達七億三千兩百萬元，成為疫情下全球唯一獲利的國際飯店集團。二〇二一年五月，台灣進入三級警戒，飯店、餐廳禁止內用，晶華九成營收如海面泡沫瞬間隱沒，他毫不遲疑，賣掉「祖產」達美樂換取現金，保障員工生計。當然，持續加大從疫情開始的轉變力道，一個新形態的晶華，以共同創作的方式，在疫情中重生。

挑戰危機，就像經歷脫皮、化蛹的毛毛蟲，但若沒經歷這些自我超越，就不會發生蛻變，也無法成為揚舞蝶兒。對應到事業經營，當組織追求集體轉變的自我超越，自然就容易讓每個人實現潛能，這也是潘思亮經營事業與領導晶華之道，讓團隊無論身處順境或逆境，長年都能創造相對高的績效。

更重要的是，隨著夠豐厚的自我超越經驗，那些長久以來不具意義的事物，開始變得有其存在的意義，而且愈漸清晰、真實。三十年後，潘思亮終於明白了自己經營晶華集團的意義——晶華是一個用文化、款待與商業成就他人幸福感（well-being）的集合體，而所有的經營決策與產品服務都是以「將心比心」為出發點。

參透為何，才能迎來契機

正如尼采的智慧名言：「參透為何，才能迎接任何。（He who has a why to live for can bear almost any how.）」當你試圖追求某些成功故事，模擬某些成就者的人生，實則是要能更深入明瞭他們從轉化到蛻變的自我超越之道。

新的增長機遇永遠都在，所缺的，不過是一雙發現新價值的慧眼。

這個時代，每個人都要學會自我超越之道，讓自己充滿足夠的智慧、足夠的定見，與他人共同探索，合力共創，當集體的轉變發生了，如蝶翩翩的重生才會到來。若是如此，人類就會進入一個更好的未來。

這是一本探討企業與人生經營哲學的著作。雖然是國際飯店集團，不過詳細飯店標準作業程序（SOP）不會被涵蓋在討論裡，所以這本書若不是你原本想看的那種，就可以立刻知道。本書主要想探討的是轉變成長心法與經營本質的思路，而企業是個人集合體，飯店恰巧是服務人的行業。

如果你對人、企業組織如何進化、成長特別感興趣，想理解如何在危機中思索轉型，個人在挑戰與抉擇時該有的心境，領導者與組織如何自我超越，審視生命價值與追求的真理，此書應能一看。因為企業也是人，必須要有其存在意義，這可以讓組織群體在危機時，不再那麼短淺，能把眼光放在所選擇的追求意義與最高理念。

這也是一本療癒自我勇氣，或是決心轉變，自覺思維（thinking）、行為（doing）與作為（being）需要一點被鼓舞力量的書，這本書就像有過豐富挑戰經驗的達人，敘說創造正面改變的人生道理。

為了更易於汲取書中菁華，在每部的首與末會以第三人稱進行導言與最後的歸納思索，進入每一章內文後，將以潘思亮的第一人稱創作，就閱讀而言，能有劇本小說的既視感，兼容理性與感性的實驗性寫法也呼應晶華很重要的融合創新精神。

要聲明一點，書裡的第一人稱敘事是包含潘思亮、晶華團隊、董事會等眾人回憶、敘述與歷史紀錄，再淬鍊與組織，整合成完整敘事主軸。選擇以潘思亮的視角建構，原因是他與晶華的人文價值密不可分，透過如第一人稱告白般的詩意，更能深刻描繪事件主題、情境與心境，勾勒出經營哲學的思考核心。

歡迎深入了解潘思亮與晶華的自我超越之道——三十多年來，他們如何持續進化，在逆境中重生。

敬祝展讀之中，心有靈犀。

台北晶華的房門不改用現代的感應卡，刻意保留經典的
古銅製鑰匙，也代表以文化款待賓客的精神。

REGENT GALLERIA

聳立在中山北路上的晶華酒店，好似大型的魔術方塊，
在潘思亮手中變幻出無窮的組合。

第一部

轉化——啟動重生之旅

聆聽內心之語，
看見未顯之象，
知悉幽微之想。
To hear without being told.
To see without being shown.
To know without being asked.

之首

導言：

一流的自我超越者

——潘思亮

不知道你是否有過這樣的人生質問：「我要如何能夠改變眼前的處境？我要怎麼成為自己想要的模樣？」每個人或多或少都會想改變自身的境遇，卻忘了這些境遇是真實自我的投射，想改變境遇，思索的焦點就在「思維」。

當你是自身思維的主宰，便能夠決定自己要成為什麼樣的人，也能影響外在的境遇。潘思亮就是最好的例證，也是他一次次轉化危機的心法。

潘思亮出生在披頭四持續橫掃全球音樂排行榜的一九六五年——這個代表融合與創新精神，用音樂改變世界的搖滾年代。恰巧，融合與創新正是潘思亮經營事業與人生的兩個重要特質。

十五歲到美國念書，由東方走向西方；二十六歲後從西方歸返東方，擔任台北晶華總裁；三十五歲力排眾議，借款買下大股東全數股權，自主經營台北晶華；四十三歲開始自創飯店品牌，四十五歲收購全球麗晶（Regent）品牌，從被授權者成為授權者，交融東西方文化。就像潘思亮喜歡的黑白雙魚太極圖，那對魚眼其實是雙向連結的通道。

也因此，融合式創新被他內化為晶華集團的特色，這是一種兼具人文與創新的思維方式，他們透過全球又在地、既現代又雋永的融合，連結東西文化，洞察華人世界的需求，並以緊跟變化，迅速應變的執行力，在市場裡掌握話語權，一直於業界保持領先優勢。

然而，在潘思亮的人生志願裡，壓根沒想到要進入飯店業。二十六歲前，飯店之於他，就是出差和渡假的選擇，若有什麼關聯性，頂多是知道父親潘孝銳在台北市中山北路上有個飯店投資案[1]。

潘孝銳被外界稱作「台灣拆船大王」，一生傳奇，也是星雲大師口中形容的儒商好友與低調的慈善家。潘思亮是他最小的兒子，喜歡畫畫，原本大學想選擇建築系，後來轉念申請密西根大學（University of Michigan）準備念醫學，可是開始接觸醫院環境後，看到血就渾身起雞皮疙瘩，心想這怎麼得了，醫師不是自己能做的職業，決定轉學到加州柏克萊大學（UC Berkeley）經濟系。不過，這兩年修的基因學、演化學也沒白費，對於日後投資生技醫藥業的判斷極有幫助。

晶華酒店是孫運璿擔任行政院院長任內促成。
（攝影於1990年9月25日晶華酒店開幕日）

睡在陽台的企業家

求學時期，潘思亮就展現精準投資的思維，認為用最短年限修完畢業所需的學分就是最佳投資，因而決定不打工。但也不是只會整日埋首用功的書呆子，潘思亮很會抓重點，考前會分析授課教授的研究，判斷出題重點，取得優異的成績，成績好之外，還活躍於學校活動，校花太太 Constance 就是他在學校的活動結識，驚為天人，留下深刻印象，日後找機會展開追求。

家裡給的生活費雖足夠平日開銷，但也沒有多餘的享受，為了存錢買車，在不打工的原則下，無法開源只能節流，曾租下由陽台改造、月租只要一百美金的房間，整室家具只有床墊，夏日很「通風」，但冬天就又濕又冷。有次他拉出放在最底下的牛仔褲，攤開一看，整件褲子竟然發霉，住了好一陣子，最後才找到有床組且價錢合意的分租屋。任誰也沒想到，這位曾睡在陽台的大學生，日後會成為全球飯店集團大亨。

潘思亮雖然家境富裕，但小時由外婆一手帶大，深受外婆節儉個性的影響，比如，放學回家，離晚餐還有一段時間，他想吃蔥油餅，又覺得加蛋比較好吃，所以先回家拿蛋，再交給小販，這樣就能付蔥油餅的錢，但享用更香味撲鼻的蔥油餅加蛋。

二十歲就如他自己的規劃，從柏克萊大學經濟系畢業，因為想往財務領域發展，他決定要到紐約（華爾街），於是申請哥倫比亞大學（Columbia University）企管研究所。那時是拿到財務分析師的Constance 去工作，讓他無後顧之憂的在二十三歲拿到學位，同時也展開人生新頁，潘思亮與 Constance 是同學裡最早結婚的一對。畢業後，他如願進入華爾街的瑞士信貸第一波士頓投資公司。在世界頂尖企業工作，同事又都是常春藤盟校畢業，為潘思亮賺得一輩子受用的趨勢眼光與準確的財務決策能力。

人生收穫不只如此，潘思亮迎來人生的第一個自我覺察。學生時期的夢想如願達成，在全球最有影響力的華爾街裡，年輕的他沒有迷失金錢賽局中，雖然他的薪水比同學高出許多，但在買低賣高，不斷追求更高獲利的金融世界，他無法感受到真正的快樂，認知到自己沒辦法一輩子只為錢工作，明白在忽然得到什麼，必然會跟著失去什麼的道理。

潘思亮是天生的投資高手，擅長危機入市，能捨能得，事實上，他在四十歲前就累積了可觀的個人財富，但多年來始終如一，不愛過度物質欲望，這點跟克勤克儉的潘孝銳很像。

落葉歸根的因緣

一九九一年，台北晶華酒店需要一位全職總裁，原本總裁是由潘孝銳的大兒子潘思源兼任，但潘思源在大陸發展事業，實無多餘心力。時任台北晶華酒店董事長，也是東帝士集團董事長陳由豪認為潘思亮既有財務背景又是股東之子，專業與向心力皆有，是理想人選，希望潘孝銳說服小兒子回來。

這份原只是奉父執輩之命接下的任務，成了潘思亮落葉歸根的因緣。那時，他還跟太太說：「很快就回來（美國）了！」最後是半句中文都不會講的 Constance 跟著他定居台北，兩個女兒也在台讀完美國學校，才赴美念大學。

多年後，我們假想，有絕大的機率，聰明才智會讓潘思亮在華爾街的財富與地位扶搖直上，尤其那個年代正值亞洲市場崛起。但，在人生的抉擇上，潘思亮選擇順從內心的聲音，不想要大部分的時光用於追逐資本遊戲。相比之下，他更需要在工作中探尋生命的意義。

嚴格說來，潘思亮並不是典型的飯店服務業領導者。與其說他是飯店經營者，不如說是價值共創者——經營的是涵蓋食衣住行買與學的場所與平台。透過企業內部的價值創新與外部的價值創造，翻轉飯店這個載體，延伸與開展許多可能。

我們可以用魔術方塊來比擬「飯店載體」的思維。

不知你有沒有玩過魔術方塊？這個由匈牙利建築師魯比克在一九七四年發明的3×3×3的立體方塊，是八〇年代後，全球最暢銷的益智玩具了！小小的物體空間可轉動出千億種變化組合，吸引無數高手挑戰復原它的極限。

的確不可思議，空間總能激發出人們的好奇心，魯比克（Rubik）當年發明魔術方塊就是源於對探索空間的樂趣。若要說商業世界中的不可思議，飯店是其一。它的空間就像大型魔術方塊，可以連結到四百多種行業，經營飯店像經營一座看不見的城市，從基礎建設、空間風格、服務體驗、營運管理、創新模式……是探索住宿、餐飲、宴會、渡假、購物的生活美學場所，也是為旅人與賓客轉動多元文化的展演平台。

因而，想要讀懂潘思亮的晶華經營學，腦海裡首先要能把飯店想像成一個超大型魔術方塊，隨著人、時、地、物，變化無窮組合。

這就不難理解晶華諸多創新做法。比如，它是第一個打造精品大街的五星級飯店、第一個解構飯店住房與餐廳元素，讓其各自「出走」到不同的地域與商圈，重組模式與再造價值，晶華集團旗下自創品牌的餐廳與旅館事業體皆源於這樣的思維。

不過，魔術方塊也被世人這麼形容：如果要查找「挫折」這個詞，你可能會看到一張魔術方塊的圖。

在潘思亮經營飯店集團路上，尤其能夠體會如何從一次次的危機中再生。晶華被讚譽為台灣最會賺錢的飯店集團不單只是因為長年穩定的獲利，還有令外界驚奇的企業韌性（Resilience）。

韌性又稱復原力，顯示個體面對逆境，彈性反應與恢復的能力。根據研究，這種走出困境，重新振作（Recovery）的韌性，可經由後天學習而得。在飯店這個大魔方，即使遇上不可抗逆的天災人禍，晶華仍能展露強勁的復原能力，交出比同業表現更為出色的成績單。同時，透過組織內的共同學習，在危機中修習鍛鍊，為明日打下大顯身手的基礎。透過一次次復原與重組被打亂的魔術方塊，晶華集團開啟不同的時代。

人與企業要同頻共振

晶華另一個打造企業韌性的成功關鍵是潘思亮永遠站在浪頭上，與團隊並肩作戰。我們常看見，一個能夠於時代立足的企業，企業家的成長與企業進化是同頻共振，當企業家帶領企業轉型、跨越的同時，自己也轉變、精進。

潘思亮也因而愈益深諳經營之道，除了飯店事業，亦活躍於國際投資圈，與朋友成立私募基金，投資地產、生技、科技與餐飲產業。他是CNBC、彭博等權威外媒連線的亞洲意見領袖，也是青年總裁協會（YPO）各國企業家交流與請益的對象。

曾任期達十六年的美國史丹佛大學（Stanford University）校長漢尼斯（John L. Hennessy）指出，危機時刻的領導人，要體認自己有察覺需求、具同理心與勇氣的三大要務。這樣的特質在潘思亮身上展露無遺，認真做一位心安理得的領導人，是他對自己的期許，也源於父親的珍貴身教。

這也是當他經歷全球新冠疫情初爆發時，雖然損失來自國際旅客，約八成五的業績量，卻第一時間宣布不裁員，努力讓台北晶華轉型城市渡假酒店，拓展國旅市場。潘思亮帶領晶華在逆境中乘風破浪，突圍蛻變的故事，成為國際同業的學習焦點。

飯店是應對時時刻刻、形形色色需求的經營場域，大多數決策也都會在營運現場完成，所以，潘思亮曾這麼形容：「晶華平常不太需要我，只有在發生危機時，我比較有用武之地。」

每回合危機之於潘思亮與晶華都是一場自我轉化（self-transformation）的內在之旅。內在之旅也是一種向上之旅，兩者相互呼應，無論是往內的深度，或是向上的高度，都是屬於一種凝聚的力量。

「我不會讓危機影響我的心情，反而很確信機會來了！我知道大家又會被凝聚起來，我知道團隊的能力又能夠提升了。」經營晶華集團讓潘思亮對學習型組織與跨界創新產生興趣，事業與人生也發展出對挑戰變化的熱情，認為世界上最浪費的兩件事，「第一是虛度時間，第二是白白浪費了一場危機。」

晶華走過二十世紀，進入二十一世紀，曾遇上大大小小的危機，但因而淬鍊，踏上文化奢華品牌之路，也讓潘思亮思索出擁抱變化，守住初心的變與不變，由經營形成晶華經營學，再昇華到禍福相倚的經營哲學——應變的是「術」，不變的是「道」。

因為，若只有專注於術的變化，缺乏堅守的道心，當下的改變是無法轉變成未來的蛻變。

從經營到經營哲學，這之於領導者與企業就像是永恆答問，好比一個人若想活出人生意義，必須對自己有完整的認識。而且，這份認知不能僅僅來自他人，還要去認識到自我本質是什麼，因為想要解決現實問題，首先要能理解自身企業。

而危機往往會是覺察自我的開端，亦是最能夠破除封閉式理解的入手處。這三十年來，晶華扎實走過三次極為重要的轉變之旅。

台北晶華酒店是住宿、餐飲、宴會、渡假、購物等生活的美學場所，充滿各種連結，也象徵晶華創新與跨界，為旅人賓客轉動多元文化的展演平台。

第一次轉變：由笨重轉向輕盈

第一次轉變時空背景是一九九八年到二〇〇三年的關鍵五年。連遇經營權之戰與接二連三的全球經濟危機，迎來潘思亮經營晶華品牌的時代，開啟台灣「輕資產與重管理」模式風潮。

晶華上市後不久，陳由豪創辦的東帝士集團在大陸的許多投資受到宏觀調控影響，面臨資金壓力，時任台北晶華酒店董事長的他想要晶華收購東帝士在北京的投資案。二十多年前，公司治理觀念在台灣尚未成熟，常見這種灰色地帶的關係人交易。作為總裁的潘思亮當然堅決反對，「我們從不跟自己的公司做交易，尤其是違反道德理念的事，這在潘家非常忌諱。」

陳由豪一意孤行，見潘思亮屢次在董事會上反對，態度也不見軟化，竟然在一次的董事會上臨時動議，欲解聘總裁，當時潘孝銳極力反對，才未獲董事會通過。不過，潘思亮也被迫休長假。那時，獨立監察人黃宗仁送了潘思亮兩個字：忍耐。他聽進去了，帶著妻小回美國休假。幾個月後，東帝士再提出北京投資案，黃宗仁以東帝士是關係人，要求迴避投票，才能在晶華董事會上撤掉北京投資項目。再次回到晶華的潘思亮，愈益感受到雙方經營理念的迴異。

二〇〇〇年，東帝士集團發生財務危機，當年除了晶華酒店的股權，晶華與東帝士還有中港晶華酒店合資項目，在銀行是互相擔保關係，使得飯店營運體質雖佳，處境卻如佇立懸崖。此時的潘思亮才三十四歲，面對財力、實力比自己強大十倍以上的陳由豪，他沒有退縮，心底雪亮清楚，一旦連自己都放手不管，晶華將無法倖免於東帝士的財務風暴。

為了員工生計，也不想讓父親創辦的晶華受災，他找了外資與銀行，抵押所有股票，以比市價多百分之三十的價格，槓桿收購（LBO，又稱融資收購）東帝士在晶華過半的股權，總價約四、五十億。與此同時，認賠晶華持有百分之五十的中港晶華股權，以約十億元的對折價賣回給東帝士，解決連帶保證的憂慮。事實證明，潘思亮的勇敢承擔讓晶華得以存續，二〇〇一年，東帝士集團宣布解散，債務高達新台幣六百多億元。

幽暗隧道還沒走完。走過經營權之戰後，危機接二連三襲來。二〇〇一年發生令全球震驚的美國九一一恐怖攻擊，觀光業因此受挫，晶華股價直直落，每張曾跌破十元，貸款用二十五元買下股權的潘思亮咬牙挺住。

二〇〇二年開始，他做了一個台灣上市公司前所未有的決定，以現金減資調整晶華資本結構，提升每股盈餘與股東報酬率。當時的想法是，晶華滿手數十億現金，卻沒能有投資效率，不如把錢還給股東。「晶華強調輕資產，就不需要這麼多的資金去買土地蓋飯店，當然也大可把閒置資金來轉投資，但轉投資做得過那些專業的嗎？不如專注本業經營，把錢還給股東，讓他們自己投資。」現金減資五成後，股本由新台幣約四十三億元降為二十一億元，也成為台股史上首家獲利卻現金減資的上市公司[2]。過往，進行現金減資的上市櫃公司通常是因為虧損。晶華財務長林明月到金管會送件時，還被要求簽保證經營的承諾。

同時也是因為潘思亮想要翻轉傳統經營飯店的邏輯，聚焦於創造品牌與管理財，而不是建造更多的飯店（資產），因此先讓晶華股本「輕盈」一半，日後才能朝向「輕資產與重管理」方向。

晶華的減資策略奏效，也反映於穩步走升的股價，正當以為擺脫低谷，一切上軌道之際，二〇〇三年突然爆發SARS（嚴重急性呼吸道症候群）疫情，那是進入二十一世紀後，第一個讓人類不知所措的全球大流行病（Pandemic），晶華營收瞬間銳減超過五成。

沒有磨難就不會有智慧，有時，「壞」也能在最終帶來一個「好」的作為，只要懂得把危機視為改變的契機。

為了求生，SARS疫情打開團隊對飯店經營的想像，以走出去的「行動」彌補進不來的流失營收。住房部門瞄準分流辦公的需求，把客房改成出租的行動辦公室，更以五星級飯店的專業清潔設備，推出豪宅深層打掃的到府服務。餐飲部門齊心經營五星級飯店外燴、外送美食，讓晶華得以保持二〇〇三全年不虧損。

有了走出去服務客人的經驗，晶華從二〇〇五年開始發展館外（飯店外）餐廳事業，引領多國料理風潮，像是日本料理自助餐「WASABI」、泰式料理的「泰市場」，喜宴市場的「台北園外園」等。二〇〇八年開幕的故宮晶華，更將晶華的餐飲實力帶上文化創意料理的新高度，結合故宮國寶與主題展覽，成為台灣面向世界的文化之窗——入菜、說菜，也傳承文化。另一方面，讓人才有更多可以發揮的舞台，不少位晶華集團的中高階主管、飯店總經理都有過館外餐廳的歷練。

這樣的多角化思維起源於晶華堅守的「將心比心」之道——客人無法來，我們就走向客人。將心比心也成了集團的核心精神，如同太陽系裡的太陽，諸星以它為中心運行。

第二次轉變：台灣囝仔買下全球麗晶品牌

在現今的全球飯店業界，「Steven Pan（潘思亮英文名）」赫赫有名，他是史上第一位收購全球頂級飯店品牌麗晶（Regent）的華人企業家。

二〇〇八年的秋天令許多投資者餘悸猶存。在美國第四大投資銀行雷曼兄弟（Lehman Brothers）破產後，次級信貸危機觸發經濟大蕭條後最慘烈的金融恐慌與崩盤，迅速席捲各個連動的經濟體，演變成全球金融風暴的大災難。

那一年，晶華自創晶英（Silks）飯店品牌，隔年再創平價設計旅館品牌捷絲旅（Just Sleep），兩者命名靈感皆出自潘思亮。晶英是取自象徵東西方文化交流的「絲路（silk road）」，鎖定文化五星。捷絲旅取自旅人最在乎的「床（Bed）、浴室（Bathroom）、早餐（Breakfast）」3B概念，以便利、舒適與科技為訴求，一樣享有晶華特色的人文款待。

金融風暴後，世界五百強、手上握有多個飯店品牌的卡爾森全球酒店集團（Carlson Companies）欲出售麗晶。當傳出這個千載難逢的機會，潘思亮第一時間有了買下全球麗晶品牌的念頭，並打了電話給

JRV吉瑞凡總經理、現任晶華集團董事王榮薇。王榮薇是潘思亮心目中最有智慧的女性之一，也是他在晶華品牌之路上的第二意見。電話那頭，王榮薇聽完，舉雙手贊成，鼓勵潘思亮不要錯過讓晶華成為國際飯店品牌經營者的好時機。

潘思亮會這麼決策，是因為台北晶華的二十年授權期限將於二〇一〇年到期，雖然二〇〇八年已經自創晶英與捷絲旅兩大旅館品牌，但若能擁有全球麗晶，更能落實潘思亮口中的晶華使命——把世界最好的帶給台灣，把台灣最好的帶給世界。企業也能真正躍升國際舞台，成長為世界級的全球酒店集團。

為了保密，他找了當時在晶華財務部工作的侄女潘芝儀，並邀請曾任職卡爾森集團開發副總裁的比爾．席普（Bill Sipple）擔任顧問。同時，全程聘請海外律師團隊，一是避免走漏風聲，二是台灣人太缺乏國際併購經驗。由於買的是品牌商標與特許權，等於是買下十七張管理合約，面對上千頁合約上的每個字都像在打仗，僅是保密條款的內容，都要來回一星期，開了無數次的凌晨電話會議與亞美歐三方協議。

三人從二〇〇九年六月開始，經歷長達半年的競價、提案、說服、磋商，一路過關斬將，從第一輪二十位國際競爭者進入第二輪的五位候選人，卡爾森集團要求五個買家提出對全球麗晶的未來願景與規劃，會議地點選擇在柏林麗晶，五家安排於同一星期進行簡報。與潘思亮同台競技的是麗思卡爾頓（The Ritz-Carlton，後被萬豪收購）、文華東方酒店集團（Mandarin Oriental Hotel Group）、洲際酒店集團（InterContinental Hotels Group, IHG）等世界大型酒店集團。潘思亮與比爾．席普飛往柏林，親自現場簡報，最終，得以與洲際集團、杜拜買家一同進入第三輪決選。

這也讓潘思亮見識到當品牌立足全球制高點，即便是出售的那方，依然享有選擇優勢，是由買家提案、簡報。進入第三輪，卡爾森集團同時與洲際、台北晶華進行買賣合約的逐項審議，每項都有優勝者，最後評選總積分最高的買家。

一直到隔年一月，確定花落自家，潘思亮才告知林明月這宗國際併購案。從卡爾森集團拍板定案後，台北晶華集團需要在三個月內完成籌措資金、盡職調查（Due Diligence，簡稱DD）、確認品牌註冊有效性，舉例而言，麗晶的商標在九十八個國家註冊，高達四百種登記，以及其他千絲萬縷的國際併購準備。

二〇一〇年六月，來自台灣的晶華以五千六百萬美元，當時約新台幣十七億五千萬元，完成麗晶收購案，接管歐、亞、美及中東區域已簽約管理與籌建的十七家全球麗晶飯店，讓晶華走進亞洲的新加坡、馬爾地夫、曼谷、峇里島；歐洲的柏林、札格拉布、波爾多；美洲的波多黎各、特克斯、凱科斯群島；中東的阿布達比、杜哈等世界城市。

此外，晶華的版圖也由陸地延伸到海洋，擁有屢獲全球年度郵輪與最佳郵輪品牌等獎項的麗晶七海郵輪（Regent Seven Seas Cruises）的品牌特許權。麗晶七海郵輪是中小型六星級豪華郵輪船隊，以貼心細緻的款待聞名，也是許多人的夢幻海上假期。二〇一三年，晶華以新台幣六千萬元的一次性品牌權利金，獨家授權船公司使用麗晶品牌經營郵輪事業。

晶華集團能成為全球麗晶的新東家，創下台灣併購全球飯店品牌首例，有一大部分原因是潘思亮「將心比心」的提案策略。他說服卡爾森集團，晶華是最適合接棒全球麗晶的經營團隊，除了台北晶華系出麗晶，擁有正宗血統，且在麗晶全球所有的飯店之中，台灣晶華酒店的營運績效與獲利能力最好，更重要的是，麗晶在晶華集團會被當成「掌上明珠」，而非大集團下眾多品牌之一，「因為是唯一寶貝，自然會好好守護麗晶的品牌價值。」

在差距不大的競標金額下，潘思亮以對方「嫁女兒」的心情揣摩，設身處地給出珍視的保證。而，有什麼承諾比這更能贏得「丈人」點頭應許呢？

從買下麗晶的那一刻，潘思亮的國際盃正式開打，把全球總部設在台灣，自此，品牌藍圖更趨完整，形成品牌組合金字塔（圖1），從上往下依序為：超五星頂級飯店麗晶、文化五星定位的精緻飯店晶英體系、精品（boutique）定位的風格旅店捷絲旅體系，全方位滿足奢華、精緻、平價的消費市場，這些品牌雙融全球與在地，一以貫之扣緊現代與雋永兼具的風格，同中求異的各自綻放。

可以說，二〇〇八年到二〇一八年開啟晶華的全球品牌新篇章，也是晶華的第二次轉變之旅。

全球策略：單雙打並進

只是，即便有很好的國際團隊，但「老闆對老闆」的場合仍避免不了。麗晶在每一個國家的業主都在全球富豪之列，很多關鍵時刻必須要由潘思亮出面，在近八年與全球業主打交道的日子，他頻繁飛往有麗晶飯店的國家，認識這些實力深不見底的各國之霸，也見識到了頂級奢華的生活世界，但這種的空中飛人日子讓潘思亮極度疲憊，令他失去了健康、失去了平衡的生活。而且就經營效益上，太過吃力。

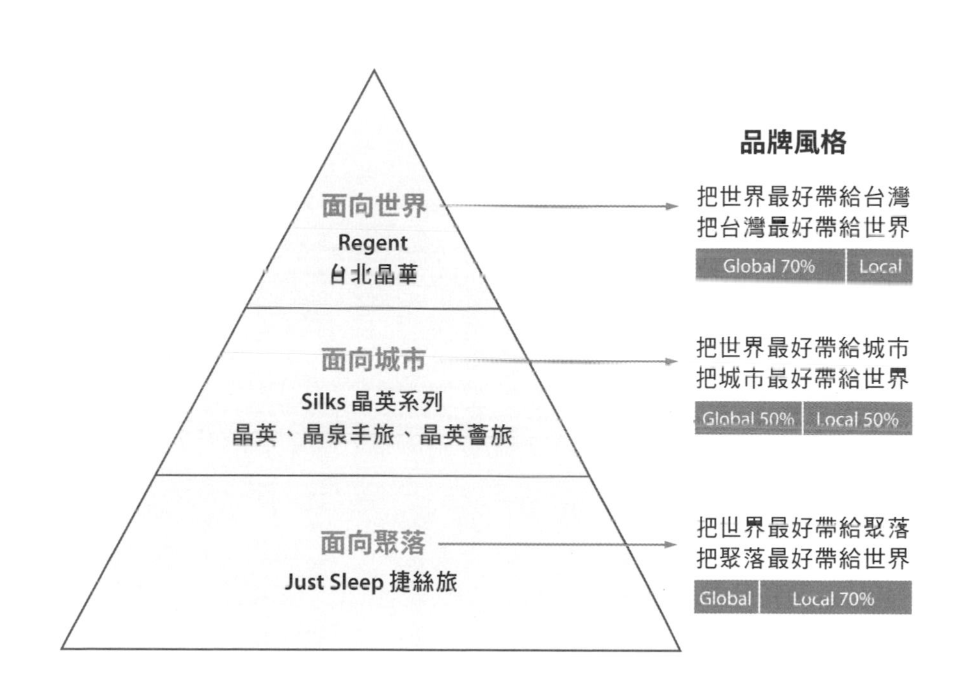
品牌風格
面向世界
Regent
台北晶華
把世界最好帶給台灣
把台灣最好帶給世界
Global 70%
Local
面向城市
Silks 晶英系列
晶英、晶泉丰旅、晶英薈旅
把世界最好帶給城市
把城市最好帶給世界
Global 50%
Local 50%
面向聚落
Just Sleep 捷絲旅
把世界最好帶給聚落
把聚落最好帶給世界
Global
Local 70%

圖1　品牌組合金字塔

原因有三，一是為建立麗晶海外布局開發網絡，每年需要花費數百萬美元，要等到海外據點規模達到二十家，才能有較佳的效益。二是柏林麗晶需由總部負擔高額租金，收益也無法自給自足，平均每年虧損兩百萬歐元，吃掉其他麗晶飯店收益；三是品牌管理以人才出差而非派駐當地的方式，無法有效發揮品牌總部的角色。

走上國際市場是一段路程，成為全球品牌又是另一段旅程了。台灣走上全球的企業多不計數，真正受人矚目的全球品牌卻是少數，無論是自創或是併購，都要從國際市場思維轉變為全球品牌總部思維，由製造與產銷管理，轉型為原創和共同創作，而這需要更專注於自身的優勢，如此才能生成品牌文化的基底。

走過近八年的單打獨鬥，二〇一八年，潘思亮在因緣俱足下，選擇結盟英國洲際國際酒店集團[3]，組成全球品牌雙打團隊。他以三千九百萬美元，將擁有麗晶品牌的Regent Hospitality Worldwide（RHW）公司的百分之五十一股份釋出給洲際集團，洲際則收購虧損中的柏林麗晶，並負責全球麗晶的海外營運，可以說是另類的聘請海外團隊。

這是潘思亮發展全球品牌新策略，聚焦雙方優勢，國際市場由洲際集團負責，晶華集團就能專心經營台灣市場，同時也有全球麗晶飯店授權金、麗晶豪宅銷售等海外授權營收。飯店服務業的特色是接待前台雖大不同，後台系統所需資源卻相似，因而，此策略可以讓晶華立即加入洲際飯店營運平台，像是遍及全球網路的訂房系統，無須自己再投入開發成本，事實上，洲際已有五千多家飯店的規模經濟效益也令人難以望其項背。再來，省去海外網路的後台開發成本，晶華更可專注在服務管理與創新能力的優勢延伸。

這場釋股讓晶華集團進入自有品牌生產行銷（OBM）時代，未來更有彈性，可以單打發揮，專注經營台北晶華、晶英、捷絲旅等品牌，與汲取黑山港麗晶、富國島麗晶的飯店結合豪宅成功模式，在台灣發展以「飯店（款待精神）」為平台的飯店式豪宅與商辦空間項目，提供人們更精緻的生活風格（見第六章）；也可適時與洲際雙打合擊，如香港麗晶酒店（香港業主賣給洲際後，改名香港洲際）即將在二〇二三年盛大回歸，重新開幕。更重要的是，洲際這個強大的策略夥伴還能連帶提升集團姐妹飯店海外開發與訂房業務能量。

第三次轉變：重生與數位轉型

第三次的轉變是自二〇二〇年開始的全球新冠疫情。二〇二〇年一月，正當晶華團隊籌辦三十週年活動之際，這三十而立的歡慶到了翌月，卻戛然轉調成自開幕以來遇上的最大經營危機，邊境管制使得飯店業的國際旅客市場斷炊。

SARS時，晶華有一個示警的燈號機制，黃燈是營收衰退百分之二十五，紅燈是營收衰退達百分之五十，這次晶華最大營收來源的住房與宴會直接熄火，紅燈一路高掛。每天掌握國際新聞脈動的潘思亮立即嗅到這不是半年就緩解的SARS翻版，而是前所未有的危機——一場危及人類生命與企業存續的浩劫。

所以，他立即宣布不裁員，安住員工的心。對外，他為產業向政府發聲，爭取相關從業人員的薪資與教育訓練補助，晶華並率先制定出嚴謹的飯店防疫SOP，後來被政府採用作為全台防疫旅館標準參考。對內，他擔任「轉型（transformation）」學習長，啟動學習型組織計畫，公司內部開設各種課程，讓每位員工斜槓，學習新能力與共同創作思維，每位員工都要上課滿一百二十小時，並透過跨部門、跨飯店、跨世代共學。

在台北晶華酒店要由國際商務旅客需求轉型為城市渡假酒店（Urban Resort）的重新定位下，晶華團隊全年推出高達七十九個行銷專案（不包含被否決與備選案），速度與數量是過往的十倍，方案概念也引領同業跟進學習。

此外，潘思亮與高階主管每星期一線上開講「Regent Talk」，以蘇格拉底式提問，傳承組織智慧。「為了維持飯店營運動能，我們做了非常多有意義的改變，彷彿開了一家新飯店，也意外圓了我一直想辦學校的夢想。」始料未及的三十週年變成重生元年，潘思亮卻覺得收穫豐盛，「如果再遇上危機，晶華絕對有能力應變，而且還會變得更好。」

言猶在耳，二〇二一年五月中後，全球變種病毒疫情升溫，台灣緊急升級三級警戒。觀光飯店與餐飲業首當其衝，禁止內用後，形同「封城」，晶華面臨九成營收消失的滅頂危機。

這次潘思亮加速將集團小金雞達美樂賣給澳洲最大披薩連鎖業者Domino's Pizza 的決策，換取十七億現金，保障員工的工作權與股東權益，累積資糧度過寒冬。

「我可以賣的都賣了，也做好一個月賠一億的準備，過去公司賺的錢、積的糧，危機時就是要用來還（員工）的。最大的資源是人，只要人在，其他東西還是會回來的。」他對人的情義，換來團隊心甘情願的高效率。

在大家的同心協力下，團隊三天內提出整合台北晶華餐廳與館外餐廳的「晶華美食到你家」外帶與外送線上平台，推出數十款現煮外帶佳餚，可以選擇晶華美食快熱送車隊，或是自取的外帶得來速。同時，加速推出冷凍常溫禮盒，滿足因防疫而升溫的宅食經濟，並在短短一個月內，完成潘思亮講了五年想做的數位轉型——一個因應人類生活方式改變的晶華精采新生。

「其實我們都知道有哪些事很重要，但常因為沒有顯而易見的急迫，一再把它們的順位往後延，碰到危機反而可以回頭去做那些一直覺得很重要的事。」連潘思亮自己都不敢置信，原本預估三級警戒的總體業績將大幅衰退八成，且會嚴重虧損，結果在大家衝刺下，六月衰退六成，外帶衝出比預期成長一倍的業績，當月即達損益平衡。一個月內，從開賣的日營業額十萬元，衝到日營業額近兩百萬元。

「這真是自助人助的奇蹟。我自己擔任視覺總監，我也要提案，跟著同仁一起過新品提案、行銷細節。」幾次與危機對決，潘思亮受到了啟發，世間萬物如老子所言皆禍福相倚。當明白了變化是事物的天性，人世間的每一件事都是有生有滅，有著未知與不確定性，便能理解危機是轉變的契機，更新思維才能創造奇蹟。

「人就是這樣，原來有的不見了，才會想辦法求生。國家、企業也好、個人也罷，我覺得要時常去 reset（重開機）、renew（重生）。我喜歡挑戰，只要一挑戰，精神就來了。」如果靈魂有定義的話，潘思亮應該是超級熱愛學習的靈魂，把命運給的起伏境遇，化為哲理的美妙頌歌。他也從危機中頓悟經營企業與人生的意義——以人為本，將心比心，成就他人。

一位真正有能力通往未來的人，必定經歷過轉變之旅，思維就像種子，開出行動的花朵，爾後結出「境遇」的果實，當能夠理解境遇的本質，就能開始運用思維決定禍福，透過這樣的方式，逐漸凝聚、轉變再蛻變……。

然後，有更多新的道路將因而展開。

---

1 一九七六年，潘孝銳與美國前國防副部長、財政部長羅伯特．安德森（Robert Bernard Anderson）合資取得台北市晶華酒店現址的五十年地上權。一九八四年，潘孝銳與安德森將所持多數股份轉讓予陳由豪創辦的東帝士集團，同年十二月與麗晶酒店集團簽約，使用麗晶品牌，一九九〇年完工開幕。

2 二〇〇六年，晶華再次現金減資，每股退還股東七．二元，帶動股價突破百元。晶華以獲利企業之姿，現金減資提升營運績效的成功模式，變成市場典範，吸引不少如中華電信、全國電、國巨、台灣大哥大、瑞昱等企業仿效，強化財務體質。

3 英國洲際酒店集團〔倫敦證券交易所：IHG，紐約證券交易所：IHG（ADRs）〕在全球擁有十多個名聞遐邇的酒店品牌，包括洲際酒店及渡假村、金普頓酒店、英迪格酒店、逸衡酒店、華邑酒店及渡假村、皇冠假日酒店及渡假村、假日酒店及假日渡假酒店、智選假日等。

AVAKIAN

比佛利山威爾希爾飯店於1990年與台北晶華同年開幕，因拍攝電影「麻雀變鳳凰」（Pretty Woman），由茱莉亞．羅勃茲（Julia Roberts）和李察．吉爾（Richard Gere）主演，奠定了麗晶是國際巨星之最愛的品牌形象。

第一章

認識禍福相倚

我觀察到多數人對於變化是有感知能力，差別在於看見變化之後的思維與作為，缺乏了，變化就成了危機。

謀生之道

古希臘人把「認識你自己」這句話刻在德爾菲神廟上，由此可知，認識自己是人類很重要的生命任務。

如果要講到經營企業與人生，我想刻上的那一句話會是「認識禍福相倚」，因為明瞭一切皆禍福相倚，是我經營晶華集團三十年的「謀生」之道。

每個經營者都會有自己的中心思想，老子的《道德經》是我走出低谷的心靈良藥。在最悶的那幾年，歷經股權保衛戰，借錢接手後，正當努力還錢之際，又發生造成全球經濟動盪的美國九一一、SARS疫情，二十五元買的股價變成水餃股……，處在焦頭爛額的燒腦狀態，心情無比煎熬，我的髮量就是在那段宛如穿越漫長隧道的歲月日漸稀疏，三十多歲竟自覺有股滄桑之感。

幸好，我遇上老子。第一本書是馬以工教授送的朱邦復著作《老子止笑譚：從人工智能的立場重讀道德經》，反覆研讀、琢磨其意，得以對世間情境有不同體會，也解決自己的困頓不安。

壓力最大時，是一九九八年前後的兩年多，戰與不戰的掙扎，抉擇時的自我懷疑……老子形成了一種療癒。也像生命的提醒——比起各種操弄、手段，水利萬物的無私將得到更大力量。我認知到無為、致柔、止爭的因果關係，明瞭物極必反，人道需合於天道才是似晦卻明的根本。即使面對嚴重的威脅，反而讓我確信品格的重要，秉持善念，堅守正道。

作為企業家的三十多年，我的人生也從年少到壯年，歷練增長後，深深感觸到禍福相倚原本就是經營的情境、客觀的規律。老子言：「禍兮，福之所倚；福兮，禍之所伏。孰知其極？其無正也。」意思是說，幸福倚傍在災禍裡，災禍藏伏在幸福裡，誰能知道究竟是災禍還是幸福？這並沒有確定的標準答案。理解禍與福互相依存，正是轉變情境的關鍵。

為什麼轉變所處情境的想法這麼重要？很多人都會說變化是常態，所以試著去控制變化的人，無疑以卵擊石。但真的只能這麼想嗎？

是的，變化無所不在，危機也總是突然伺機發動（讓你沒有心理準備才叫危機）。我觀察到多數人對於變化是有感知能力，差別在於看見變化之後的思維與作為，缺乏了，變化就成了危機。你能相信嗎？現實世界裡有太多實例。

看清禍福相倚的結界

轉變境遇是要能看清禍福相倚的結界。結界出自佛教用語，意指將神聖領域與俗世兩個不同世界的「界」連「結」在一起，用於建築上，將分隔的兩個空間連結起來的場域也可稱作「結界」。禍福相倚的結界就像來自古老易經智慧的太極圖（圖2），陰陽兩儀中各有一個相反的小圓點。白色是陽，黑色表陰，白色半圓裡有黑點，黑色那半圓中是白點。雖然，這兩個圓點比起循環中的陰陽面積小了許多，但有了這兩個點，陰中有陽，陽裡帶陰，如此兩儀才能生四相，四相再生八卦……以此類推自然萬物。

也有人主張，被曲線分開的黑白色塊看起來像是位於同一個圓形的兩條魚。兩條魚長了對方顏色的眼睛，蘊含相互包容、依存的道理，而兩個魚眼睛又再各自生成兩個新的圓，象徵舊的事物裡孕育著新生事物。從這樣的層面來思考禍福相倚，那兩個魚眼睛正是轉變的結界，好事和壞事互相連結，禍是成就福的前提，福之中又含有禍的起端，在一定的條件下，壞的東西可以引出好的結果，好的東西也會引出壞的結果來，這也是我之於危機的轉念。

附帶一提，我喜歡太極圖的原因是，這種雙元性的交融能產生更深沉智慧。我總是這麼感覺，雙元性之間可以保留「呼吸—留白」的空間，如此就有機會發展出新的可能。就如同水墨畫的留白，枯山水庭園中白砂與石頭之間的無物，什麼都沒有的地方，卻是最顯眼。

晶華發展品牌哲學時，運用了許多雙元性交融的思考，比如我們重視時尚但也強調以人為本的舒適；奢華是五星級飯店元素，但晶華要展現的是一種暖曖內含光的低調中奢華；飯店是服務業，但也被我定義為文化產業，因而，集團雖全球化卻要深入所在之處的文化，同時於經典裡創新。舉例而言，太魯閣晶英與台南晶英同為全球又在地、現代又經典的渡假飯店，太魯閣晶英是坐擁世界級峽谷風光與原民文化的在地共好，台南晶英是融入府城古都生活感的摩登共創，它們給人的「慢」時光也不盡相同，一個是東台灣的自然緩慢，一個是南台灣的巷弄慢活。後來，我把雙元性交融思考整合為晶華品牌的十二個關鍵字，也讓傳統與創新不再是矛盾，請容我在後頭篇章詳述。

既然，得到未必是福，失去也不一定是禍，怎麼知道現在的你是福還是禍呢？若以此論斷結果，當初遇上的禍事，應該認定是好還是壞？由於飯店是經濟榮衰首當其衝的產業，我體驗過多次無常的情境，終於也明白環境不會真的導致成功或失敗，而是讓人看見自己的本質。

因為，人會進步與成長，當學習到某個境遇所帶來的生命功課，就會發現改變自己的思維與心態，處境會隨之相對產生變化。在這轉變的過程中，唯有安住心，才能堅持下去。一個安心的人能夠覺知命運的途轍，相信每個發生自有意義，不會白白浪費危機，牢抓改變的時機。

圖2　太極陰陽，雙元交融（Harmony of Opposites）

環境不會真的導致成功或失敗，而是讓人或企業看見自己的本質，
抓到改變的時機。（圖為太魯閣晶英酒店一景）

二○○七年開始，晶華由ODM（Original Design Manufacturer）走向OBM（Original Brand Manufacturer），發展多品牌。晶華很會創新，但要發展幾十家、幾百家的連鎖規模不是我們的長項，也是因為想發展餐飲連鎖，二○○七年收購台灣達美樂披薩，累積連鎖經營實務。十多年後，經營台灣達美樂的經驗完美助攻了集團在二○二○與二○二一年疫情求生，讓飯店得以快速開展外送服務與數位轉型。

雖然，確立發展多品牌方向，中間經歷了二○○八年金融海嘯的幾年經濟低迷，但我們卻在那時買下全球麗晶品牌權，從一家台北五星級飯店成為多品牌國際集團，包含台北晶華，以及自創飯店品牌晶英、捷絲旅、晶泉丰旅。另一方面嘗試延伸優勢，聚焦飯店與餐飲文化，開設多家館外（非飯店內）餐廳，如泰市場、故宮晶華、台北園外園等，讓晶華更能貼近大眾市場，也培養出許多人才，像重慶麗晶總經理楊雋翰就是從館外餐廳開始歷練。

禍可能成就福

為什麼在不景氣下，晶華還堅持創新？如前述所提，轉變境遇要能看清禍福相倚結界的那兩個「魚眼睛」，在一定的條件下，壞的東西可以引出好的結果，禍可能是成就福的前提。

在金融風暴的影響下，全球極度不景氣，不但飯店經營困難，想蓋新的飯店幾乎也不可能，因為沒有銀行肯融資（所謂的禍）。我們覺得在這樣的經營情境，可以創新的商業模式是飯店結合飯店式豪宅。當落成交屋後，豪宅銷售可以讓出資者回本至少一半，我們也有品牌權利金、代銷收入，以及日後飯店與豪宅管理費收入。換言之，透過豪宅銷售來取代銀行貸款，彌補資金缺口。

東歐黑山共和國（Montenegro）的黑山港是我們的第一個代表作，它原本是南斯拉夫最大軍港，地形很像南法蒙地卡羅，也被稱為東歐的夏威夷，被全世界最有錢的猶太家族買下。為了要做這個案子，還邀請到「〇〇七首部曲：皇家夜總會」（Casino Royale）電影拍攝團隊來拍片取景，電影上映後就變成世界夯景。這也是金融風暴後，全歐洲第一個興建與開幕（二〇一四年）的飯店，也是歐洲第一個飯店結合豪宅的飯店綜合體。因而，除了全球麗晶飯店品牌授權金之外，也開拓了豪華酒店式公寓品牌授權與管理服務，這可以說因禍而得到「好」的結果。

依循這個模式，我們近年成為飯店式豪宅領導品牌，像是印尼雅加達、越南富國島、美國波士頓（只有豪宅）等地的合作案，單價比同業高，且每期都完銷。

集團迎來高成長，當然股價也曾被追高，有一年還登上股王（那時真的過熱了）。我跟同仁說，股市就是這樣，起落一瞬間，華爾街的洗禮讓我早早明白題材是一時的（九一一時還曾跌成水餃股），能不斷在通往未來的道路前進，企業才能永續。晶華從我接手經營後，至今每股盈餘（ＥＰＳ）都是正數，穩定配息，算是我要求自己對得起長期投資晶華的股東與員工的基本底線。晶華追求的是長期穩健經營，榮景時，要能覺知隨時有跌落的可能，危機時，要有無畏挑戰的本事，因為成長的契機就在那裡——這比什麼都重要。

攀上高峰除了盡力，還得有運氣，但遇上衝擊生存的危機，會凸顯出企業體質是否夠健康？能不能相比同業有突出的業績表現？能不能以創新贏得市場認同？

危機很像深海潛水的壓力測試，潛水能力需要學習與實務並進，才能征服深處大海。像是ＳＡＲＳ重挫晶華五成業績，那一年，我們逆勢交出六億一千萬元的稅後淨利；二〇二〇年的新冠疫情更直接衝擊掉八成五的營收，年底結算稅後淨利，竟有七億三千兩百萬元，翌年五月中開始的防疫三級警戒，禁止內用後，幾乎歸零的餐飲業績在兩個月拚回原來營收百分之五十五，達一億四千萬元，一週內搏命上線數位點餐平台，使得外帶外送能夠衝上單日營收逾五百萬元。回想這兩次全球疫情，一次比一次更深不可測的壓力，愈激發出晶華的韌性。

「福」禍相倚：人生無形成本

禍福相倚，當下的禍可能帶到下一個福，反之亦然。人們多半會講禍福相倚，可能是因人生不如意十之八九，但「福」禍相倚是更需要修練的課題，因為人的天性喜歡看似高峰的存在。舉個我自己經營麗晶品牌的實例，買下全球品牌權的「福」，其實也多了許多煩惱成本的「禍」。我也是經歷過「福」禍相倚，才恍然大悟，人生有許多無形成本，比如煩惱、健康，還有最寶貴的時間。

二〇一〇年，我們買下全球麗晶品牌，那時全球共有十七家麗晶飯店以及四艘麗晶郵輪品牌特許權，當時我發了一封信給集團同仁：

親愛的同事們，午安：

在此，我要和大家分享一個令人振奮的好消息！經由下午結束的董事會通過，晶華國際酒店集團已經確定買下 Regent（麗晶品牌）的全球經營管理權，成為台灣觀光業界首位擁有國際頂級連鎖飯店品牌的業者。

對我來說，這是一個Home Coming的喜事，二十年前，我們酒店開幕時就已經導入許多Regent優秀且創新的經營理念。二十年來，員工上下一心、攜手走過許多不同的階段，但我們兢兢業業、專注於提供頂級精緻服務的理念一直不變，二十年後，Regent要找一個可以傳承它的品牌精神，願意將其發揚光大的企業時，晶華酒店理所當然的成為全世界最有資格、可以讓 Regent品牌擁有永續發展機會的人。

Regent繞了世界一大圈，回到了實在可靠的晶華，我們打拚了二十年，讓世界看到了晶華努力的成果。未來二十年，我們將邁向世界舞台，打造 Regent成為全球最受推崇的頂級酒店品牌，且讓我們一起面對這令人興奮的挑戰！

潘思亮

回頭看這封信，依然能回想當年準備好好大幹一場的意氣風發。晶華成為台灣第一個擁有五星級飯店品牌的本土飯店業者，許多媒體都稱我們是台灣之光，透過這次併購案，往後再也不用交授權費，還能主導麗晶品牌發展以及管理全球麗晶飯店，世界各地若有新業主想加盟，都要找我們談授權。直白來說，晶華從「靠行」變成品牌的主人。

我還做了一件很有傳承意義的事。買下麗晶後，我邀請麗晶國際創辦人羅伯特．伯恩斯（Robert H. Burns）出任集團榮譽董事長，想追本溯源，再為集團注入百分百的麗晶DNA。羅伯特是二十世紀飯店傳奇人物，在一九七〇年代與日本東急集團合資創建麗晶，之後阿德里安・澤查（Adrian Zecha）與喬治・拉斐爾（George Rafael）加入麗晶，三人聯手開創先河，融合典雅而摩登的東西方人文美學與款待之道，定義何謂現代奢華與極致舒適。

羅伯特沒有馬上答應，跟我說要先回來看看台北晶華。他來時，前台同事並不認識他，只覺得眼前這位穿著黑T與長褲的金髮客人，像極了亞曼尼先生（Giorgio Armani）。我其實很有信心，他看完後就會點頭，因為台北晶華當年設計規劃有許多源於麗晶旗艦飯店——香港麗晶。

香港麗晶在1980年開幕後，真正把麗晶推到頂尖飯店之列，連續十年獲得全世界最佳飯店獎項，成為業界公認新奢華酒店的服務典範。讓香港麗晶重生也是潘思亮的夢想之一。

雖然第一家麗晶飯店起源於夏威夷，可真正把麗晶推到頂尖飯店之列的是香港麗晶，她在一九八〇年開幕後就蟬連多年全球最佳酒店等多種國際殊榮，也是業界公認新奢華酒店的服務典範。香港麗晶的業主新世界集團因受到一九九九年亞洲金融風暴的影響，二〇〇〇年把香港麗晶出售給洲際酒店集團。洲際接手後，更名為香港洲際飯店，成了集團的旗艦飯店，也因而能於往後的二十年，在全球簽下幾百家的洲際飯店。

這就是旗艦飯店無可比擬的魅力，所有飯店集團旗下，一定要有在世界一級城市的旗艦飯店，才能夠奠定五星級品牌的地位。

不說大家可能不知道，全球朝聖的安縵以及東方文華皆與麗晶有同門淵源，麗晶的低調奢華、簡約優雅無形中也融入這兩個品牌。喬治・拉斐爾於一九八六創辦頂級奢華拉斐爾飯店，二〇〇〇年被東方文華酒店集團收購。我自己非常欣賞的安縵國際酒店集團是阿德里安・澤查於一九八八年創辦，他讓每一個安縵都像是渾然天成、隱身僻靜的藝術。羅伯特當年的兩位夥伴在麗晶歷練後自創品牌，也都成為業界傳奇。

所以，能夠買下傳奇中的傳奇「麗晶」是天賜鴻福，是我做夢都沒想過的畫面。在我願景中，希望有一天，香港麗晶可以重返世人面前，這也是我跟羅伯特的夢想。

二〇一五年，洲際曾經想要出售香港洲際飯店（原香港麗晶），但有一個條件，要掛洲際的品牌五十年，我一聽就沒興趣了。於我而言，香港麗晶才有旗艦飯店意義，我買下麗晶後，還沒能有機會在紐約、香港、倫敦這些世界一級城市插旗。

無巧不成書，二〇一五年我沒有買香港洲際飯店，後來卻被我一位朋友基滙資本（GAW Capital Partners）創辦人吳繼煒以十億美元買下，他是香港人，對他來說，麗晶是香港人的歷史，香港麗晶就是香港的旗幟。隔年，我在馬尼拉舉辦的富比士論壇遇到他，我們都是論壇邀請的與談人。他跟我談到要大手筆重新改造這家四、五十年的老飯店，之後將會是世界上最好的飯店之一。

只是，當初買賣條件明訂要掛洲際的品牌，但他想掛回香港麗晶。

但，這怎麼可能？

「你願不願意跟洲際合作？」他問我。

「除了全部賣給洲際之外，其他方案可以考慮。」我給出了想法。

試著創造三贏

長期以來，洲際一直想百分百買下麗晶。

洲際旗下有十多個飯店品牌，最高等級是四到五星的洲際酒店及渡假村，缺了頂級的旗艦品牌。而其他競爭對手，例如：萬豪有麗思卡爾頓、希爾頓集團有華爾道夫—阿斯托里亞精選（Waldorf-Astoria Collection），所以洲際需要麗晶，一個可以跟半島酒店齊名的頂級品牌。

我買下麗晶後，洲際共換了三任執行長，每年都來詢問我有沒有出售意願，但麗晶不是我要賺資本利差的事業，我希望麗晶能夠好好發展，可以是百年品牌。如果能讓香港麗晶原地再現，我當然樂意。

二〇〇九年六月三十日，我們才剛圓滿完成麗晶收購案，那時的洲際集團執行長立刻約我在香港洲際酒店碰面，我得以見到原香港麗晶總統套房聞名的無邊際游泳池。知道我不可能轉手出售麗晶後，對方提出由洲際經營麗晶品牌，台北晶華自行發展麗晶延伸品牌的合作，當然，這種合作方式第一時間就被我婉拒。第二任執行長是一位猶太人，他是財務長（CFO）出身，雖然每年出價，但都價格導向（殺價）。不過，飯店業是有趣的文明產業，每年都要詢問是否出售，大家因而成了好朋友。

二〇一七年，洲際換了第三任的執行長基思．巴爾（Keith Barr），他之前是洲際大中華區總裁，所以了解香港麗晶的歷史地位，認同若香港洲際酒店回歸成香港麗晶，將會發揮更大的品牌價值。我們由顧問Eric Levy領軍，花了一整年的時間設計合約架構，那是非常複雜的過程，超過五百頁篇幅，囊括幾百個細項，包括能做什麼、怎麼合作、如何分潤等，共識是合資經營，讓洲際也擁有麗晶的股份，但不是百分百。

二〇一八年，我把Regent Hospitality Worldwide（RHW）的百分之五十一股權賣給洲際，讓麗晶也變成是洲際的「小孩」，洲際擁有麗晶品牌海外開發與管理權，至於台灣的開發與管理權都歸我們。另外，也跟洲際簽訂附買回條款，有點像對這小孩有承諾，確保視如己出，好好教養，若沒有做到約定目標，洲際就要花三倍價錢買回。這三倍價是用五十家管理費乘上二十倍本益比計算出來的。

表面上，我犧牲了控制權，實質是三贏的共好。

第一個「贏」是，我的朋友、香港新業主如願掛上麗晶品牌，也實現他找回香港人的記憶；第二個「贏」是，洲際有了能與競爭者分庭抗禮的頂級品牌，每年多了幾億美元的麗晶品牌授權與管理合約。麗晶也變成皇冠上的鑽石，以洲際在全球近六千家飯店的開發與營運能力，麗晶品牌在海外布局如虎添翼，過去十年只能開十家，未來十年可以開展五十家，由長短期獲利來看，洲際能創造更高價值。

第三個「贏」是，圓了我想讓香港麗晶重返發源地的夢想。之於台北晶華集團，因租金昂貴一直處於虧本的柏林麗晶，每年都要侵蝕我們的EPS，被洲際收購後，立竿見影由原來的負轉正，解決了我們的煩惱。

我收購全球麗晶時，飯店分布在歐洲、中東、亞洲和北美四個區域，總部設在台灣，同一個團隊跨洲處理，團隊有八成的人不在台灣，只能靠視訊溝通，很難塑造企業文化。我在這八年之間，雖然學習許多，但飛行的日子比待在台灣還多，可以說是疲於奔命，不是飛到世界各地見業主，就是忙於解決各種營運問題。現在，由洲際負責，以洲際的全球營運網絡規模，比起我們自己做，服務更全面，獲利更高，但我卻省心許多，更不用再疲於奔命。

很少人認真算過煩惱的成本，我也是經歷過「福」禍相倚，才恍然大悟對老闆來說，真正的成本是時間。

我接下麗晶時，告訴自己只要業主找我，二十四小時一定到。我曾經五天去了五個國家，這樣的「環遊世界」法，讓我開始嚴重失眠，時差導致四十八個小時沒睡是常有現象，現在回想，真的是拿健康在開玩笑！賣掉一半股權，放下海外營運控制權後，我發現全球麗晶能走得更遠，有點像老子說的無為而治——同樣有海外品牌授權營收，卻不用自己勞心勞力。

麗晶在台灣品牌權是永久歸屬我們，二十年加盟與經營品牌八年，除了創辦人羅伯特，我想我應該是最了解麗晶的人，若我能更專注於經營創新，集團未來會走得更好。

找到轉變生活的香料

最棒的是，我終於能有自己的時間，我每年都學新東西，前幾年學鋼琴，近兩三年學打泰拳，最近學用APP發想設計。我喜歡學習，如果工作時間分成四等份，我心目中最理想的狀態是學習、晶華、投資與養生各占四分之一。

一直以來，讓我最享受的是精神靈魂滿足。認識禍福相倚後，我深深覺得，人要過好當下的生活，特別是當危機來臨時。

危機是什麼？危機是事物沒能按照你的期望進行，我們必須透過轉變，平復期望與實際情形的心理落差，不要忽視這些可能的情緒。音樂是我轉變情境的香料，好比不同香料能讓料理口感變得不一樣。

我的生活裡不能沒有音樂。夜深人靜時，我愛聽爵士樂，上班的路途放的是各國嘻哈與饒舌組曲，喜歡與朋友分享的是八〇年代新浪潮音樂。獨處時光，我最愛馬勒（Mahler）交響樂與蕭邦（Chopin）鋼琴曲相伴，還有引我入門古典樂的華格納（Wagner）「黎恩濟」（Rienzi）、「紐倫堡的名歌手」（Die Meistersinger von Nürnberg）……音樂之於生活，就如大廚調製的香料，懂得香料，就懂了味道的靈魂。

後來回想，我的音樂啟蒙者是相差十四歲的大哥潘思源。他愛聽西洋音樂，喜歡找朋友來家裡開派對，便叫我負責放唱片，我雖然沒有認真精通某項樂器，卻特別熱愛音樂。除了晶華董事長，我還是晶華的隱形DJ，音樂也是轉變空間氛圍的香料，我時常在台北晶華酒店裡走動，電梯裡、餐廳內、晶華重要週年活動，我都會開出推薦曲目，二〇二〇年晶華三十週年晚宴，我為大家精選的是那些住過台北晶華的國際巨星音樂作品。

我無法想像只有某種類型音樂的世界，一如人生，是由不同的情境與變化的節奏組成，更亦如經營，需要寬廣的視野，拉得愈高，就愈能看見真實。

當明瞭一切禍福相倚後，你眼裡看到的都可以是機會，更能轉變失敗的經驗——在混亂與嶄新之中，精準而清晰的思考。

潘思亮熱愛音樂，他的另一個身分是晶華的隱形DJ。2020年
晶華三十週年晚宴上的音樂，也是由他精心挑選與推薦。

Spotify QR code

晶華三十週年
潘思亮精選歌單

晶華創造新的商業模式，以東歐黑山共和國的黑山港為第一個代表作，成為歐洲第一個飯店結合飯店式豪宅的綜合體。

第二章

將心比心教會我們的事

我一直在打造晶華的將心比心文化，
這是無所不在的道，也是晶華的款待基因，
好的企業文化可以是團隊由平凡變非凡的力量。

我那將心比心的父親

我一直牢記著父親說的一段話，時常提醒自己將心比心，利人利己。

每年，他都會以台北晶華創辦人身分出席春酒，為員工加油打氣，他生前最後一次參加春酒，席間突然轉頭對我說：「我人老了，只能開支票，反觀你能透過經營（晶華），去影響與幫助別人，比我開支票更有意義。」

後來讀到東方詩哲紀伯倫（Gibran）的散文詩〈給予〉：「你獻出財產時，其實給予的很少。你獻出自己時，才是真正的給予……你得先讓自己成為夠格的施予者，和施予的工具，因為其實是生命施予生命……」我才更明白父親的話中之意。

外界眼中的潘孝銳是拆船大王，足跡遍布世界各大洲，也是台灣第一代企業家，歷練無數。其實，他一生創辦的企業，除了大家比較知道的南豐鋼鐵、台北晶華酒店、大田精密工業，以及與遠東集團創辦人徐有庠、新光集團創辦人吳火獅共同投資高雄遠東百貨、台北西門町萬年大樓、台企大樓等商用地產之外，父親因為成長於烽火歲月，發願有朝一日必定要濟弱扶貧，因而很早就成立祥和社會福利慈善事業基金會（命名有期待社會祥和之意），這一生捐出去的善款不計其數。

他對我們有一個不成文的家訓——跟朋友有福同享，有難要自己當。即使成了拆船大王，他的交友圈沒變，都是相交幾十年老朋友，生活方式一樣簡樸，晚年還是自己手洗貼身衣物。北上住在我們家時，太太想幫父親煮早餐麥片，他堅持自己來。有年，他想換一張書桌，請我幫他找尋，規定只能花一千多元，後來我還是幫他買了還不錯的木桌，當然遠超過他給的預算，我用二手價的理由過關。

父親生活節省，捐款卻毫不手軟。每逢台灣或世界各地發生天災人禍，都會率先發起救濟，由於父親是在顛沛流離之中求學，特別重視人人生而平等的受教權，祥和基金會長年資助低收入子女獎助學金與困境家庭，也支持佛光大學、南華大學、均一教育平台等教育單位，佛光山在美國的西來獎學金，也是父親與星雲大師共同創辦。

我最佩服父親的利人利生精神。晚年，父親投資成立祥和生物科技公司，那是因為他被醫師診斷出失智症初期，在高醫團隊細心診治與照料，以及自己堅強的意志力，嘗試各種調養方法，竟然讓他找出訣竅，順利康復。為此，他把調養飲食配方做成營養食品，也因要解除失眠與腰痛等切身困擾，投入相關營養品的研發，生技公司的獲利再捐出給基金會，公益結合企業經營，形成生生不息的善循環，在台灣還沒有社會企業概念問世之前，他就在實踐。

回想起來，父親是台北晶華的創辦人，早就以他的身教與言教體現「己所欲，施於人；己所不欲，勿施於人」的將心比心。他成長於苦難，幸運在台灣發跡，將心比心讓他能面對苦難逆境。一無所有時，通常能夠給予你力量的是你相信的真理。也因為父親匱乏之過，所以將心比心，盡其所能分享所有給世界；因為吃苦過，所以將心比心，救助弱勢，為社會祥和盡一份心力。

將心比心後來變成我信仰的普世價值，也成了晶華集團立足根本。

經營企業，文化比策略重要

近二十年來，我一直在打造晶華的「將心比心」文化，一個在職場上能將心比心的人，在私領域也不會與將心比心脫勾，因為無法假裝，只能內化，否則很難真正做到將心比心，這就是無所不在的道，也是組織文化。

經營企業，文化比策略還重要，好的企業文化可以是團隊由平凡變非凡的力量。就我的經驗，碰上危機時，愈能體現企業文化的價值，因而，企業之根最好能是普世價值（golden rule），不會隨著物換星移消逝。

飯店因著住宿、餐飲、宴會、休閒、購物衍生出的服務鏈環環相扣，有門房、櫃台、餐廳、客房、宴會、商場等與賓客面對面服務的前台，還有數十個部門的後台，總管理處（總部）、廚師、房務、總務、工程、資訊、洗衣等，每個單位都有其專業，要求體貼至微、水準均一，只要有個環節出錯，體驗就無法完美，是一百減一等於零的行業。

晶華人在專業上，不僅要懂飯店管理，心態上更要擁抱多元化，用款待服務感動世界（serve to move the world）。比如，由衷尊重全世界不同文化、人種，對形形色色顧客要將心比心，提供全人化款待。晶華講的「將心比心款待」是生活化的，它不只是服務，服務是做到一致標準，但款待要融入溫度，用一種寧靜有自信的態度，更似主人家（host）的待客之道，或是宴會上的第二主人（co-host）。

第二主人是什麼樣的概念？就像陽光下的如影隨形，影子雖然安靜，卻是光需要的完整存在。

大部分晶華同仁都有自身與客人之間的感動故事。晶華有不少定期入住的多年客人，有的是出差，有的是回家，同仁熟悉他們的生活習慣，久了，都成了會彼此問候的老朋友，我就曾聽到房務同仁煮了家傳雞湯給一位重感冒的國際常客的故事。雞湯並不是我們的ＳＯＰ，那位同仁只是想讓這位老客人早點恢復元氣，下班回家特別煮一鍋雞湯送過來，讓這位住遍全世界五星級飯店的客人直讚台灣的人情味。這些將心比心的小舉動，也都開枝散葉到集團其他的姐妹飯店。諸如此類的貼心故事很多，多到習以為常，久到內化為晶華的款待基因——將心比心。

常有人把「將心比心」與「同理心」劃上等號，我覺得美國當代精神醫學大師級人物歐文．亞隆（Irvin D. Yalom）形容的傳神，他說同理心是要從別人的窗戶往外看，試著去看別人所看到的世界。將心比心就是要學會從顧客、同事、股東、合作夥伴的窗戶往外看，如果愈能準確進入對方的世界，愈容易達到共好。

而且，經營者更要見微知著，言行如一的親身實踐，不能說一套做一套。晶華成立至今，即便遇上再大危機，首先想到的是對員工將心比心，在能力範圍內，保障工作權。

二〇二〇年，公司獲利無可避免受到新冠疫情衝擊，雖然麗晶精品營收大幅成長百分之六十，館內餐飲亦有小幅成長，仍然無法填補住房與宴會的失血，若按全年業績，年終獎金最多只能發一個月，但我首次未按照利潤中心績效評鑑的結果，決定加碼，發出兩個月的年終獎金。因為，我深深受到感動，這一年大家經歷了把一天當成一星期用的辛勤共創，不分彼此的相互支援，完成許多不可能任務。

一位經營者若能將心比心，大家就會有向心力，全體才能總動員。這是雙向的回饋，員工也會與企業緊緊相連，主動思考。

稻盛和夫曾提出的一個成功方程式：「人生．工作的結果」＝「想法×熱情×能力」。這個方程式裡，最大影響變數是人的想法，可以是正向也可以是負向，會影響相乘結果。在晶華，這個方程式的想法就是「將心比心」，一切都可以連結到這個原點，也是行事的度量尺。

我把將心比心視作企業文化，不只因為飯店服務講究貼心至微的款待精神，更因為這是待人如己的人間至善。

將心比心是進入你我之間的領域，從自身內在走進別人，當在這核心領域可以帶進、包容外在的其他人，甚至是所有人，一個人就能與眾生萬物同在。我忽然之間也明白父親的老生常談——利人利「生」，也理解他所說的，透過經營去影響與幫助別人，比開支票更有意義。

良善是將心比心的指南針

然而，我是在父親二〇一三年離世後，整理他的生平與照片，加上與他相識超過半世紀的星雲大師來到父親的靈前致意，跟我們談了一些往事，我才逐漸體會到父親是「將心比心、人溺己溺」的實踐者，而良善是他的指南針。

星雲大師形容父親為人做事不喜錦上添花，但對雪中送炭的慈善事業非常熱心，回饋社會的服務更是不落人後：「他是佛光山的功德主，自許是人間佛教的敬仰者，海內外的佛光人皆尊稱他為長者。」

父親生前也是國際佛光會監事長、社會福利發展委員會主任委員。星雲大師憶當年，高雄佛陀紀念館的土地要價十億台幣，他本來不敢想，但父親一聽，率先捐出五千萬元，還積極邀約親朋好友共襄盛舉，「這一切都要感謝他們的發心，這真是佛光山的重要歷史。」

我跟哥哥都曾被父親送到佛光山的沙彌學園學習。父親跟星雲大師情如手足，父親忙於事業，但有空就會去找大師聊聊。兩人結緣在佛光山尚未創立之前，當父親得知有高雄縣大樹鄉建寺辦學的計畫，主動拿了一本內有五百萬元的存摺與私章，請人師不要客氣，只要有需要，隨時可提領。這樣的將心比心，也是前述那首紀伯倫詩裡的另一小段：「別人開口求你時給予固然好，若能體恤別人需求，不等對方開口即給予更佳；對樂善好施的人來說，尋找接受者比給予更快樂。」

坦白說，我是十五歲離開台灣後，才漸漸認識父親。

離開台灣時，我最捨不得的就是我的外婆。父親長年在外奔波，母親又因生育十二胎而身體欠佳，最後含我在內共四個小孩平安長大，我排行第十，是外婆帶大的，她對我的影響很大，常說上天、社會給我們的東西就絕對不能浪費，浪費就是對不起所有人。外婆拿衛生紙時，會先撕掉一半，只用一半，有時想想，她的觀念跟現代企業講的環保節能、社會責任有搭上線。

由於我是家中最小的，與排行老大的姐姐相差十五歲，出生時，父親已經是事業有成的企業家，不在家時間居多。我考上雄中那一年，遇上中美斷交，父親連忙把我送到舊金山念高中，住在大哥家中。小時沒有太多與父親相處的記憶，反而是到美國念書之後，跟父親開始透過寫信聯繫。每年，他都會到舊金山來看我跟大哥一家人。哥哥是政大新聞系畢業，很有理想性，在美國還辦了《遠東時報》，他家有訂《財訊》，當時還是小開本，我也是看了《財訊》才比較了解父親的事業。

以前聽父親講他的生平覺得是故事，老人家走後，我嘗試著去看他的世界，發現父親的良善其來有自。

他是一九二四年出生於福建福州，年幼時，父母相繼過世，被祖父帶回長樂三溪村，後到上海就讀吳淞同濟大學附設高中，畢業後，進入位於雲南昆明的同濟大學工學院機械系，一九四〇年，升上大二的父親隨同濟大學搬遷到四川李莊。李莊是抗日戰爭時重要文化中心，當時同濟大學、中央研究院、北京大學文科所等教學研究機構都遷移到此。

也是在那年，父親決心投筆從戎，進入軍委會特種技術人員訓練班，在貴州息烽受訓時，經內部測試，父親的心地太過仁慈，並不適合成為特務，但天資聰穎，被軍委會授予少尉階，進入重慶軍統局（軍事委員會調查統計局）祕書處，負責機密密碼翻譯工作，類似像電影中的「聽風者」角色。因表現優異受軍統局副局長戴笠重用，二十歲晉升少校參謀，是當時中華民國有史以來最年輕的少校。

一九四五年八月，對日抗戰勝利，父親隨局本部由重慶返南京。隔年三月，戴笠乘坐的飛機在南京撞山失事，一時之間風聲鶴唳，父親在同年除役，在潘其武[1]協助下，轉資源委員會，五月來台，任職於台南台鹼二廠業務課。出差高雄時，結識了這一生的伴侶黃雅仙（我的母親）。

母親是台南女中校花，追求者眾多，在台鹼擔任會計，父親近水樓台，二十五歲娶得美人歸，婚後兩人辭去公職，定居高雄，原本想進口滬貨，做點小生意，沒想到爆發國共戰爭，因而作罷。因緣際會下，做起日軍留下的廢金屬生意，當年高雄港有許多日本人撤離時炸掉的沉船，時值港區要發展造船、鋼鐵產業，於是，父親創辦南豐鋼鐵，那時打撈解體舊船的東和行侯金堆與侯政廷（後來創立東和鋼鐵）是他的夥伴。

創辦產業發展需要的事業

論起父親創辦的幾個事業都與台灣的產業發展息息相關。

拆船業為戰後物資缺乏的台灣撐起工業之母鋼鐵工業，在一九六〇到

1990年晶華酒店開幕式，由左至右分別為潘孝銳、陳由豪、羅伯特．伯恩斯（Robert Burns，麗晶國際創辦人）。

一九八〇年代成為世界拆船業的重心，被稱作「拆船王國」。父親創辦南豐鋼鐵，看準二次世界大戰後淘汰的軍艦廢船市場。

為了找尋能煉鋼的原材料，不會講英文的他憑著膽識，帶著一位研究生（Peter Wang）當翻譯，走上世界，把一艘艘報廢待拆的船艦拉回高雄港，只要有廢鐵成分他就買，買最多的是登陸艦，若遇廢棄軍艦上的武器就捐給台灣軍方作研究，「拆船大王」封號不脛而走。後來，因為有部分廢船現況不錯，拆掉可惜，也從拆船進入造船業。一九五〇年代的韓戰之後，還有打了二十年的越戰，他跟美國海軍買了許多退役軍艦，由於美軍到越南需要許多發電設備，也靠岸賣電給美軍。

有次，他買下美國報廢的液態燃料彈道飛彈廠，因新一代的彈道飛彈採用固態燃料，美軍淘汰以液態氣作為動力的工廠。父親跟我說這個故事時，我聽得瞠目結舌，他竟然把整廠設備從太平洋拖回來，有一套因遇海上颱風毀損，另一套安好回到高雄，廢鐵可以煉鋼，液態氧與相關設備可以做工業用氧氣，他就保留下來，後來賣給苗家的聯華氣體。聯華氣體日後成為台灣最大的氣體製造商。

父親曾拆解過重達三萬七千噸的荷蘭客輪「新阿姆斯特丹號」，這是台灣拆過最大的廢船。新阿姆斯特丹號有多大？從上頭建造了十個游泳池就能想像得出來，客輪上還有許多藝術品，可惜父親不懂藝術品，那時全部售出。

潘思亮幼時與母親黃雅仙合影。

父親的拆船事業間接影響我和哥哥，我們都喜歡閱讀最新軍事科技與情報的詹氏年鑑，哥哥因為船艦上的古董對藝術收藏產生興趣，成為古董收藏家。我則對軍武產生興趣，兒時夢想是希望擁有自己的國家與海陸空三軍，放學後，還會去高雄五福四路上的書局看二次大戰史，或是呼朋引伴拿著玩具步槍玩起槍戰遊戲，算是漆彈射擊遊戲古早版。軍艦也像一座海上建築，因為喜歡畫畫，小時我曾手繪想像中的設計圖，對照現今，與業界知名建築師與設計師，打造出一家又一家別具一格的飯店，也算是透過工作擁抱兒時興趣。

一九七六年，父親投入飯店業。在台灣被迫退出聯合國後，許多人失去信心，資金大量外移，先總統蔣經國希望引進外國投資者發展指標性產業，可以創造內需商機的觀光產業就在其列。

當年的台灣只有圓山飯店，尚未有飯店產業，其中一位願意來台投資飯店業的是曾任美國海軍部長、國防部副部長與財政部長的羅伯特・安德森（Robert Bernard Anderson）。原本政府推薦辜政甫作為安德森的合作夥伴，不過美國海軍向他推薦潘孝銳，這也是父親踏入飯店業的緣由。

當初，政府給他們三塊地選擇，一塊是現在的帝寶所在地，一塊是現在的中央銀行，最後一塊就是台北晶華現址中山北路。一九七〇年代，大家都會選擇中山北路，始料未及的是，選了這塊地後，磨難才開始。

這是台灣第一個BOT（民間興建營運後轉移模式，build-operate-transfer）案。一九七六年，安德森與父親跟台北市政府簽訂五十年地上權使用合約，權利金是土地市價的七折，當年中山北路地價是信義路的百倍。只是，這塊國有地的BOT案遇上市議會杯葛，市府無法拆遷補償旅館建地上與廣場前的房屋與違章建築，父親得一戶一戶去談收購，經過八年，付出約三倍的地上權利金代價。由於合約是地上權，銀行不會貸款，在那個年利息百分之二十的年代，只好賣掉一塊又一塊的地產。

安德森後來想退出投資案，父親也有點意興闌珊了，一九八四年，陳由豪表達想投資飯店的意願，父親本想以本錢全部賣給他，但他堅持父親也要占股，才願意收購，最後他買了安德森與我父親共六成的股權。坦白說，因為陳由豪的營運專長和政商關係，台北晶華酒店開工建造的過程順利許多。

我不曉得，如果人生重來一次，父親還會做出相同的選擇嗎？

但我非常確定，他創辦台北晶華酒店不全然是為了獲利，是因為那時期的台灣需要有飯店產業，才能帶動觀光旅遊業的發展，若要賺取更多財富，他應該再投入地產金融，而非變賣資產蓋飯店。

父親從拆船、鋼鐵事業到創辦晶華，走向飯店業，以及最愛的慈善事業，一路以來，都是台灣產業發展的開路者，是新創也是創新。有這樣的創辦人，創新也是晶華品牌非常關鍵的基因。

對晶華來說，創新不是設立研發部門就好，而是融入所有的經營活動，如同每分每秒的呼吸那般重要。正因為如此，將心比心是我們在創新之路上所需要的「道」。

開拓你的視野與思維

每個人心目中都有典範。在一生中，最好能有幾位可以學習的典範，這會有益於你的思維與視野。智慧的頭腦和開闊的思維永遠比現有的財富更重要。

在投資領域，我的典範是巴菲特（Warren Buffett），他的人格特質與生活方式沒有因為外在的財富、地位有所改變，財富只是給人多了一些選擇而已。在企業經營上，則是日本「經營之聖」稻盛和夫，他的經營見解是一種人生哲學，秉持著利他之心，朝著自己相信的正道，他闡述過的商業原點在於利益他人，啟發了我對於共好的思索。

在行走人間，父親是我心目中的偶像，我走向世界的基因來自於他，他因拆船事業走遍全球，我也因飯店事業走上世界。他更教會我危機入市的道理。一九九〇年，六四天安門事件讓香港景氣一片蕭條，那時地產大跌，沒有人敢買，他卻鼓勵我進場，並以個人名義向銀行貸款，轉借給我缺少的兩成資金，三年後，我以近二十倍的獲利出場。

懷念創辦人
　潘　孝銳

少小離家效軍旅
保家衛國巧解察
瀚海逐波力挽瀾
拆船鍊鋼振經濟
計利只計天下利
晶華麗晶耀社稷
慷慨捐輸倡公益
將心比心行大義

思亮　敬上

潘孝銳自投筆從戎、拆船事業、創辦晶華乃至公益行善，都是率先投入當下國家社會發展最關鍵的領域，一生奉獻給台灣。

不過，親父子明算帳，借款給我的利息，父親一點也沒少算，拿去公益捐款。他總說，自己身無分文來到台灣打拚，走時要將身家捐給這片土地，最後也是如此，以一生示範了留財不如留德的慷慨大度智慧，正所謂為人作善方便者，其後受惠，我感恩有這樣的哲人老爸。

父親過世後的白日，我決定把他留給我的那份遺產全數捐出，用於集團同仁急難救助與教育之用。我想，這會是他想要、以及我能歡喜做到的事。

他將心比心的處世哲學更是我追尋的榜樣，也讓我擁有面對逆境的力量。

如果你的人生目前尚未找到這樣的力量，試試「將心比心」。

1 潘其武是福建長樂人，父大畢業，早年追隨軍統局長戴笠幹特務，曾擔任過軍統局主任祕書、保密局副局長、保密局辦公廳主任等要職，後撤退來台，一九六三年底潘其武出任陽明山特區管理局局長。

台北晶華建築物由李祖原聯合建築師事務所設計，在現代的建築結構中，融入經典的九宮格圖紋設計，呈現東西文化雙融的品牌基因。

第三章

自內在重生

我從來不會只想著要度過眼前危機，
而是會盡力為迎接蛻變預作準備。
危機反而讓我有機會拆掉身上的框架與標籤，
重新思考不衰與茁壯。

逆勢不敗比順勢成功難得

「Welcome aboard！歡迎登上全台唯一的陸上郵輪，探索台北晶華酒店盛夏郵輪式渡假體驗的精采航程……」

我跟心目中永遠的女神（我的太太 Constance）換上日式浴衣，漫步在走過無數次的麗晶精品大街，我以為自己會感到些許扭捏，卻奇異的有種渡假感。此時此刻，我跟入住的房客一樣，被身處的日本文化氛圍感染，品嘗和菓子午茶，學習傳統日式茶道，但我們不在東京，在台北晶華。

隔天，我參加栢麗廳的競標遊戲。應景主題，日籍同事復刻出東京必訪的築地魚市，現流海鮮台上每日直送的成功漁港新鮮漁獲，日籍管家與五星主廚融入知識與趣味，帶領房客認識漁獲，並生動講解競標規則與手勢，大家現學現賣，得標者就有現切的生魚片可享用，一場競標下來，我也學會出價手勢。

這是台北晶華酒店在疫情中推出的「吃喝玩樂買與學」陸上郵輪式渡假體

驗首航場景，我想，在全球五星級飯店也應該前所未見。

觀光產業被外界稱作全球疫情衝擊的「海嘯第一排」，的確，二〇二〇到二〇二一年是晶華經營至今，必須要面對的最艱困挑戰，這兩年下來，我深刻體會到，能夠逆勢不敗遠比可以順勢成功難得。

當我發現全球疫情之下，台北晶華不能只是改變行銷策略，而是必須自內在徹底重生（renew），才能同時面向國內旅遊與國際旅遊的兩種「國旅」時，我聯想到，城市渡假酒店本就是麗晶的DNA。

麗晶的旗艦飯店——香港麗晶在一九八〇年開幕後，就是享譽全球的城市渡假酒店典範。大廳是全景落地窗，一覽無遺維多利亞港景致，除了無與倫比的款待服務，為營造悠緩的氛圍，建築自大馬路退縮，對地狹人稠的香港來說，真是難得景致。

這樣的設計概念也體現在台北晶華，透過空間的層次感邀請人們走進。飯店基地內縮百餘尺，留出緊鄰中山北路的方圓之地，作為造景公園，從蜿蜒坡道而上，要進入大門之前，映入眼簾是圓形噴水池，流水聲放鬆來者的心靈。在日式庭園神社可見到類比的「深度空間」，日文稱作「奧」，英文就是「depth」，深奧兩字合起來亦有在深處蘊含奧妙之意。我一直覺得文字很有學問，可以作為理解事物本質，也可以是藝術之美，晶華的粵菜餐廳「晶華軒」入口，就是用書法，形意變化成深邃的長廊。

2023年即將重新開幕的香港麗晶（Regent HK），不僅是Regent全球旗艦店，也實現了潘思亮與英國洲際酒店集團（IHG）結盟重返香港發源地的夢想。

疫情改變了旅遊產業，晶華也要跟著轉變，要隨著產業需求與供給的轉移而形塑出新的商業模式，順應新的現實。擺在眼前的事實是，國際旅客因全球疫情至少消失兩年（我疫情開始時的粗估），晶華的新現實是要面向國內旅遊市場，又要能迎向疫情後的國際旅遊，因而，我做了讓台北晶華回歸「原廠設定」的決定，由五星級國際商務飯店轉型為城市渡假酒店。

另一個讓我判斷晶華要自內在重生的原因是，我認為國際商務旅遊並不會回復過往盛況。

二〇二〇年的三月到五月，我看著一個接著一個封城的國家，一波再一波的疫情，隱約感覺全球旅遊產業會隨著生活型態而轉變，當時我推測，即便是疫情結束了，人們也已經習慣在家工作、線上會議，短天期的商務差旅會大幅降低。

從歷史驗證，經歷過第一次、第二次世界大戰的觀光旅遊業，仍有爆發性成長，因為旅遊是永續產業，它連結的是人性需求，出走（探索世界）與回家（更在地化）本來就是人類的渴望，加上疫情讓虛擬世界變得更全球化，實體世界則是「逆」全球化，也就是會愈來愈在地，未來的旅遊形態會朝向長住假期（long stay），大家的出國次數會少一點，停留更久一點，而非蜻蜓點水，也因為旅行不如疫情前容易，人們會更珍惜與看重旅行的意義。

再來，我觀察到，集團的渡假型飯店太魯閣晶英，是旗下所有飯店最快速回穩，由於無法出國，大家的平均住房天數也都增加，不僅是週末，週間也經常是八成五的滿載。太魯閣晶英位處國家公園，基於永續，住房率不會收到百分百，每月雖推掉千萬營收，卻是集團與自然共生的心意，體現環境、社會和企業治理（ESG）的行動。

剖析下來，我愈益覺得，城市渡假酒店本是麗晶的DNA，後疫情時代的旅遊也勢必改變，這是晶華「還我本來面目」的契機，因此在疫情中，做了轉型為城市渡假酒店的決定，現在看起來，我們走對了方向。

用心於自我覺察

危機反而讓我有機會拆掉身上的框架與標籤，重新思考企業的不衰與茁壯，在這其中，領導人的自我覺察變得很重要。當你開始這麼做之後，嶄新的「更好」可能性會浮現，然後開始進一步想，這個「更好」會不會使明天、下個月、來年、五年後，甚至十年都變好？

我自己會將心比心，帶頭提出「更好」的目標，當挑戰愈難，愈需要集結團隊的力量，進行共同學習與共同創作，最後才能達到共好與共生。相信我，捲起袖子帶著大家幹活絕對比大裁員來得有力量許多。

這麼比喻吧！將心比心相當於我信仰的思維（thinking），共學與共創是行為（doing），共好與共生是作為（being），我透過思維來驅動團隊的行為，使集體願意往新方向前進，企業才能產生真實的作為，如同人有「Human Being」，企業也有「Enterprise Being」。

很多的改變之所以功敗垂成，不少的癥結是出在思維與作為不一致。不一致的原因諸多，有可能出在領導者，領導者本身甚至不知道自己是盲目的（所以要將心比心啊）；也可能出在沒有好的掉隊補救機制；或者是企業核心能力不足，或被原有的包袱卡住……，更多時候是混雜著多種因素。總之，一旦決定改變，走上不一樣的軌道，就要讓思維（thinking）與作為（being）達到一致，這個過程需要能夠奏效的行為（doing），在晶華，這個行為就是集體開始共同學習與共同創作。

只是，要如何才能讓三十年來已習慣服務頂尖商務人士的台北晶華順利轉型為城市渡假酒店，在原建築裡賦予全新意象？包含將會產生的資源重組（recombine resources）與跨界（cross over）創新，若無精準的定錨，就會像缺了地圖指引的航行，只知目的地，但不知該走哪條航線。

某個睡不著的夜深人靜，突然，麗晶的另一個品牌、麗晶七海郵輪浮現腦海。賓果！「郵輪」不就是此時的最佳解方嗎？

郵輪上有多采多姿的娛樂活動，人們在郵輪上就能享受豐富完整的渡假時光，若要吸引人們來台北晶華渡假，就要打造出如登上郵輪後，完全不會無聊的體驗式假期，轉念一想，郵輪也是名副其實的「浮動飯店（floating hotel）」，以創造美好渡假體驗為核心價值的「郵輪文化」概念，可以讓台北晶華由國際商務飯店轉型為城市渡假酒店，駛出紅海，進入藍海。

台北晶華的房客超過八成五是國際人士，因疫情全都進不來，客房是最大的挑戰，新冠疫情發生後，大家都很努力開拓管道，但上半年推出的入住三十小時一泊六食、快閃優惠、找姐妹飯店聯賣的雙城記等促銷方案，都是以超低折扣吸引顧客，短期用來維持團隊的動能可以，長遠來看，終究得轉型。

每星期二與四，是我跟集團主管固定開會的時間。會議上，當我聽完業績報告，看著全台不見起色的五星級飯店平均住房率，晶華雖是第一，週末假期約六成，平日住房率卻不到三成，有些同業的住房率甚至是個位數。我心想，與其待在價格戰的紅海裡，不如趁早改變，以「吃喝玩樂買與學」為概念的郵輪旅程（Landed Cruise）作為飯店轉型的燃料。

我說出想法：「我們來做全球第一艘陸地上的郵輪。」一點不意外，我看見大家眼裡的驚訝與問號。

這也難怪，從二月到六月，聽到的國際同業近況都是壞消息，很多被疫情逼得只能大規模裁員或是乾脆停業。就連防疫資優生的台灣，不少同業都選擇關閉客房。我卻在此時丟出前所未聞的變身陸上郵輪計畫。

我請大家想像，若台北晶華真的是一艘大型郵輪：「從中山北路的大門往林森北路看去，你們不覺得台北晶華外型很像一艘船嗎？而且，麗晶本來就有七海郵輪，我們有現成的標竿可以學習。」見有人點頭，我繼續說得更清楚些，我認為，明確且具體的溝通是領導者很重要的工作：

「郵輪旅遊是吃喝玩樂都在船上，晶華的地下一、二樓有麗晶精品大街，全館有十家中西美食餐廳、大廳每晚有現場表演、二十樓有獲全球SPA大獎的沐蘭SPA、頂樓無邊際游泳池、健身房等休閒設施，再融入一些娛樂活動，如狂歡時刻（happy hour），其實已經有了吃喝玩樂買的基底，只要加上寓教於樂的學習課程，就能營造完美的城市渡假享受。」

在我的想像，城市渡假旅程中，知性的學習不可或缺，也能提高回住率，因此定調，在吃喝玩樂買之後，多加了「學」：「就看我們如何設法運用現有空間，大家一起發揮創意，共同創作集『吃喝玩樂買與學』於一身的晶華郵輪。」印象所及，內部是六月啟動郵輪專案，並打破部門別，組成郵輪專案的任務團隊。七月，台北晶華已然變身為史上第一艘陸地郵輪。我真心讚賞團隊的高效率。

危機帶領晶華拆解並重組自身的優勢進而創新。在疫情期間，台北晶華變身為全球第一艘地上郵輪，融入酒店食衣住行買學平台，推出數十種專案，包括享受頂樓泳池的星空電影院。（圖為大稻埕情人煙火專案）

瞄準「如何更好」的目標

也是因為接下來的暑假，首航便以盛夏郵輪式渡假體驗的親子郵輪為主題，運用原有空間打造出琳琅滿目的全包式遊程，規劃出麗晶家庭學苑、兒童遊戲室、數種糖果點心花車、全天候lounge、狂歡時段、頂樓游泳池的城市星空電影院、AI中醫養生SPA、大師登船表演、城市文化導覽、駐村藝術家，以及開出數十種「讓小孩放風、大人放空」的寓教於樂課程。

郵輪專案比我想像的還受歡迎，第一週就湧進了近五百間的訂房量，同一時段有五百間房客湧進來辦理入住手續（退房亦是）、週日早餐是款待一千兩百位以上住客的大陣仗，這跟早出晚歸、分散入住的國際商務旅客很不相同，包含行銷方式都得有所改變，除了開拓旅行社管道，國旅市場重視社群口碑，需要連結更多的KOL（Key Opinion Leader，意見領袖）、各部門也要開始經營自己的社群粉絲。

這些成果都是團隊打帶跑，做中學，每日檢討，每週精進累積而來。創新要勇於坦率誠實，勇於展現，才會發現不足之處，然後，趕緊補上。當處於創新階段，我瞄準的目標不是完美，而是「如何更好」。

任何的創新都要能容錯，平心而論，以錯誤為師的價值超乎想像的受用。人生進步的關鍵是樂意學「錯」，做錯了，下個小時就改掉，不要再犯，我年輕時會因為出錯而懊惱不已，現在覺得是生命的禮物，能困住你的，通常是自己的思路。對於帶領團隊集體創新的過程，我也是這樣看待，第一次拿出來的作品，絕對不會及格，得反覆打磨，不斷自我挑戰。

暑假的親子旅遊旺季過後，有五百三十八間客房的台北晶華面臨邊境持續管制，國際觀光飯店嚴苛考驗依然存在的事實。飯店的客房就像生產線上的產能，過去立足的市場（國際商務）雖大，但太過集中（超過八成五），雞蛋放在同一籃子裡，導致風險衝擊相對也大，轉型為城市渡假酒店，就要打破原有框架思維，化整為零，對應多元的市場需求。我的想法是，單一的大客戶不見了，空出來的產能就多找幾家未來具增長潛力的客戶，善用晶華的客製化優勢，好好開發、深耕城市渡假需求的市場。

九月，我們重新定義（Redefine）台北晶華，一分為五，把整家飯店拆解成五個不同主題的飯店，五樓到六樓是親子家庭、七樓到十樓是串接旅行社的國旅團體，十一樓到十七樓是美食渡假自由行，而十八樓到十九樓的大班（TaiPan Residence & Club），用來開發獨特的高端體驗，二十樓的沐蘭SPA結合「well-being」，主攻身心療癒，服務精緻頂級客層，分別對應後，也分散單一市場的銷售壓力。

想要持續優化，就要共學共創。晶華團隊有不少的國際人才，我請他們組成日本隊、美國隊，發想自己國家文化的主題航程，如東京美食、世界中秋

位於台北晶華十八及十九樓的大班，是全台第一家提供二十四小時私人管家服務的飯店（All Butler Hotel），提供獨特的高端體驗。

節、紐約聖誕節等。我在不同場合分享我們的郵輪專案，國際同業非常驚豔推陳出新的創意。

過去，國旅住客只占台北晶華酒店的百分之十，對台北晶華團隊來說，前半年有許多需要適應與突破之處，幸好，有經營國旅市場的姐妹飯店支援。

以往，是台北晶華分享經驗給姐妹飯店，當晶華要轉型為城市渡假酒店，反而是台北晶華向台南晶英、太魯閣晶英、晶泉丰旅等姐妹飯店學習，像捷絲旅與晶泉丰旅總經理陳惠芳、太魯閣晶英總經理趙嘉綺，不僅自己參與台北晶華的行銷會議，團隊之間也互相交流學習。

當年自創品牌晶英、捷絲旅等品牌，我心裡想的是分眾的利基市場，沒想到，為了在新冠疫情下求生，反而打破了隔閡，促成跨品牌的共學，同仁們跨部門、跨飯店提出專案，開始共同創作，整個集團就如一個高效率運轉的新創公司，幾乎每週就推出新專案，一年開啟的專案數目超越過往十年總和，二〇二〇年終總結，竟然推出了七十九個專案。

自助才能天助，新冠疫情讓晶華在危機中重生，二〇二〇年我原本只求不虧，沒想到卻獲利。不只是台北晶華，晶英、晶泉丰旅、捷絲旅也都快速反應，領先推出各種節日創意、反映時事的住房專案，業績都有雙位數成長，皆是當地第一名。

團隊共創、產業共生

一個人能夠成功，不見得是自己有多強，而是需要天時、地利與人和。多年來，讓我能夠多次突破難關，是因為團隊。

經營之路上，我最驕傲的時刻，並不是晶華獲獎無數，而是我看到瀰漫不安的危機時刻，晶華卻充滿活力，全員動起來共同創新、轉型，SARS如此，新冠疫情更是如此。

我看到同仁們的韌性，像台北晶華酒店暨集團餐飲董事總經理吳偉正、晶泉丰旅與捷絲旅台灣區總經理的陳惠芳、集團南部區域副總裁暨台南晶英總經理李靖文、太魯閣晶英總經理趙嘉綺、集團行銷公關部副總經理張筠、重慶麗晶總經理楊雋翰等，都是集團一路培養出來的高階管理人才，這場不得不打的仗，大家都是拚盡全力，也打得漂亮。

集團更趁著疫情危機，培養新生代人才，有什麼比危機更適合的鍛鍊場域呢？像麗晶精品租賃協理游博同是三十世代，原是我的特助，對精品有興趣，轉任需要轉型的麗晶精品。麗晶精品因一八年信義計畫區百貨開幕的群聚效應受到極大影響，我認為要正視精品消費年輕化、多元化的國際趨勢，在疫情期間，麗晶精品團隊逆勢成長，創下年營收四十億元的歷史新高，更陸續引進國際一線精品與年輕化、生活休閒與餐飲的新品牌。

不過，我沒想到，疫情帶來的真正衝擊是二〇二一年五月中旬，全台進入三級警戒。原以為，最糟情況就是回到疫情爆發時，營業額衰退五成，但當政府宣布餐廳禁止內用後，飯店與餐飲服務業形同進入「封城」狀態。以國際觀光飯店為例，營業額是衰退九成，薪資占這個行業的營收約三成，當營業額剩一成，連付薪資都不夠，這都還沒計算食材成本、其他管銷成本，我不認為在這樣狀況下，產業可以撐上三個月。

「三個月」這個數字不是憑空猜測。我研究過去一年半所有經歷過封城的國家，找出跟台灣醫療水準相近，如新加坡、韓國等，每一波封城約兩到三個月，預估從五月中起算的三個月，八月中應能轉好。在看不到盡頭的黑暗中，選擇先面對飯店幾近關門的現實，自我安慰台灣又不是第一個，不少國家都經歷過好幾波的封城，有那麼多現成教材經驗可供參考，我們哪有資格悲觀痛苦呢？

我又去研究另一個數字。國外的餐廳在實施封城後，從內用轉做外帶，平均六個月能夠恢復至正常水平。心裡有底之後，開始對焦，尋求還可以怎麼做？能夠關注什麼？可以瞄準什麼目標？

雖然推估出三個月與六個月的兩個關鍵時間點，但員工生計、公司現金流不能有任何閃失，我能做的是先準備過冬的糧草，三級警戒加速我賣掉達美樂的決定。

說起來，真的很幸運，二〇二一年農曆年過後，全球有兩千七百多家門市的澳洲達美樂公司（DPE）透過台灣達美樂副董事長歐陽心諾詢問我出售台灣達美樂的意願。大家對歐陽心諾一定不陌生，他就是電視廣告上說「達美樂，打了沒」的那位代言人，當初晶華收購達美樂後，我請他擔任台灣達美樂副董事長。我以二〇二〇年台灣達美樂的淨利（六千八百萬元）乘以晶華股價的本益比（二十五倍），開價新台幣十七億元，本以為對方會考慮一陣子，沒想到一口答應。

六月十一日，晶華宣布以十七億元將台灣達美樂賣給澳洲達美樂，我認為這是三方共好的結局，台灣達美樂有了澳洲達美樂的強大後盾，澳洲達美樂如願拓展亞洲市場，而晶華的同仁與股東有了大筆現金流的保障。算一算，及時以十七億元賣掉達美樂，加上原有現金、銀行借貸額度，晶華可動用資金達三十多億元，足夠撐上兩、三年。

我反而比較擔心這波疫情對其他同業、餐飲服務業帶來的衝擊。即使晶華能守住，我很清楚，產業是共生的，國際觀光客進不來，有太多企業直接斷炊，員工生計受到影響。晶華雖有存糧，暫能安然，若不做些利他之事，等疫情過去，觀光產業也都垮掉了。

跟二〇二〇年疫情相比，海嘯第一排的觀光產業二〇二一年更致命，惡化到需要葉克膜救命。我怕政府會低估力道，所以站出來，為大家發聲，疾呼紓困。進入三級警戒，各行各業都有紓困的需求，我用醫療資源比喻，充裕時，每個確診者都可以進隔離病房，但資源緊繃時，重症者進隔離病房，輕症可能就是檢疫旅館，這樣才能救得了所有的人。

其實，這不是我第一次站出來向政府喊話。

時間拉回二〇二〇年一月二十三日，疫情發生初始，我跟家人在北非，也跟大家一樣，以為像SARS，幾個月就會過去。

集團因為有SARS經驗，旗下各飯店總經理在第一時間啟動量體溫、酒精消毒等防疫機制，隨著國外疫情升溫，防疫全面再進化，從環境、營運流程、員工與顧客安心防疫等每處細節與關鍵節點，制定新冠肺炎強護版SOP，捷絲旅更是全台最快轉為防疫旅館的民營飯店，後來政府也引用捷絲旅的防疫做法，提供給業界參考。

返台後，我天天盯著國際新聞，三月，蔓延到歐洲，一個接著一個的國家開始封城鎖國，令人愈看愈焦急，我判斷新冠疫情的影響威力是SARS加上九一一恐攻與金融風暴，是全球戰爭，絕非靠企業之力就能度過，政府的紓困措施也要超前部署，才能穩住台灣。

我做了這輩子從未做過的事，為了產業向政府求救。

我請晶華集團獨立董事高志尚幫我約台灣觀光協會會長葉菊蘭，當面向她說明產業危急狀況，建議政府若要紓困，就要提前出手，否則會來不及。三月九日，葉菊蘭召集各飯店負責人開會協商，當晚，她帶著我向時任的交通部長林佳龍報告。

在這之前，我蒐集完整的國際資訊與歐美國家對產業的補貼做法，提出「三金（稅金、薪金、租金）三管齊下的建言，讓行政院了解，比起其他產業，新冠疫情下的飯店業、旅遊業好比住進加護病房的急重症病人，面對重症患者，只給感冒藥是不夠的。

而且，觀光產業的就業人數龐大，中高齡工作者眾多，若出現問題，會一發不可收拾，演變為失業潮、倒閉潮等「多重器官衰竭」的社會現象，屆時擴大到其他行業，整體經濟將受到嚴重影響，拖累本來有望V型反轉的經濟成長率。因而，先穩住受創最嚴重的觀光產業，等同超前部署，穩住台灣經濟反轉的機會。我向林佳龍報告之後，行政院、國發會與總統府也都表達關切，快速通過紓困方案。在這，感謝政府的及時雨。

沒在開玩笑，我說什麼也想不到，有天會需要連續兩年開口向政府要補助。不過，為了同仁與產業，感覺就沒那麼難為情了。

被迫暫停之際，正是進化之時

我從來不會只想著要度過眼前危機，而是會盡力為迎接蛻變預作準備。

在雙北二〇二一年五月十五日宣布三級警戒，行政院五月二十二日公告餐廳禁止內用，僅限外帶外送服務，晶華在五月二十五日將全館的八家餐廳線上化，推出「晶華美食到你家」預訂外帶與外送的線上購物車。能這麼快速開站，是因為超前部署。

雖然餐廳在二〇二〇年沒受到疫情影響，但晶華還是從當年的八月啟動數位轉型，預計隔年十月全新上線，儘管提早半年，我們還是挑戰以最快時間讓線上線下相互引流，整合上架。

被迫暫停之際，正是進化之時。我把餐廳不能內用看作是一個機會，二〇二〇年，晶華完成客房部的轉型，客房已經走過一次轉型的經驗，反倒是餐飲受惠內需商機，雖然推出外帶外送服務，但還不是真正的OMO（online merge offline）服務，這波疫情正好是餐飲部數位轉型的機會，面對從未有過的危機，我是充滿期待的進入戰場。

之前是餐飲穩住，支撐客房走過郵輪專案的轉型，這次是全飯店一起受到衝擊，大家一起實實在在做了很多從來沒有做的事。

二〇二〇年啟動的飯店郵輪主題打破部門界限，二〇二一年三級警戒期間，飯店的九成營收仰賴餐飲外帶外送的貢獻，真的是所有人都在同一船上，不分你我，也把中西宴會營運團隊「央廚化」，並在六月三日開啟「晶華美食到你家」品牌電商經營模式，推出每週十大人氣推薦、快閃熱銷、每週新菜、即食宅配、晶華會APP、集團名店快閃、節慶外帶外送饗宴以及將餐送到客房享用的美食渡假客房專案……，更結合大數據分析，每週優化與創新。

這讓晶華超越優雅的表面，進入真實的本質，數位世界激發了晶華人的潛能，人人可以創作，人人都可以行銷，我自己帶頭轉發晶華每週快閃美食給親朋好友。從五月到八月，台北晶華的營業額是台北市前五大飯店的總和。

而且，數位世界更能共同創作，更有效率，不用再一對一，我鼓勵團隊改變自己發想的舊習慣，培養共同創作的新習慣。不過，想要有好東西，不是花時間，就是要花錢，但花錢的風險是，東西也不一定好，所以晶華是花時間，就像晶華獨特的六角形格柵，光是六角形的設計，設計師跟我反覆打磨長達半年才定案。

數位的世界是視覺的世界，我從來不知道自己可以當「視覺總監」，以前是跟著建築師設計飯店，現在進入數位世界，我發現設計的道理是相通：將心比心，從客人的感受去想，這就是設計思考談的同理心（empathy）。

三級警戒後，我這位「視覺總監」全程參與線上平台的構圖呈現、標題感受、字型編排，細節一修再修，從打磨中我理解到，當數位是溝通傳達的媒介，真實與直白比優雅更重要，一開始進入數位世界的晶華太有氣質了，不是要捨棄優雅，而是重新定義，轉變成化繁為簡、反璞歸真，認識本質的「直白式優雅」，有點像從高雅的文言文轉變為雅俗共賞的白話文。

如果說新冠疫情的第一年展現晶華團隊超乎意料的韌性，在疫情的第二年，團隊更是超越期待，扎扎實實走過，實實在在做到許多不可置信的創新。集團的各總經理與工管們不眠不休的帶領著同仁在疫情中共學共創，打造了晶華奇蹟，也與產業共生、社會共好，我們走出晶華，連結在地文化、打造內外共創平台，全員內化將心比心的款待精神，展現出勇氣、決心，以及互助厚道，不只是對客人如此，對待團隊中的彼此亦是。

二〇二一年的感恩節是我生命中珍貴的紀念日，感恩台灣的社會在這些日子不斷回饋晶華的用心，感謝所有的同仁，以及顧客、合作夥伴、股東、親朋好友的支持，在大家的努力之下，把最困難的一年轉變成最好的一年。

晶華很幸運，經歷一連兩波疫情的致命打擊，都能挺住，並儲備了為明日大顯身手的能量。

我從業界與外界的回饋得知，我們在疫情這兩年所做到的轉型與創新，不只是業界的楷模，更像一股帶來希望的能量，啟發了各行各業於逆境中轉型。因為連身處受創最慘重國際觀光產業的晶華都能有轉機，還有什麼絕處無法逢生呢？

即使在最黑暗的時刻，請務必相信光的存在。

晶華餐飲基因播種者：杜尚平（Jean-Pierre Dosse）

疫情一來，邊境封鎖，凸顯面向本地市場的餐飲事業是晶華優勢，包括快速上線「晶華美食到你家」都得需要集團三十年前開始發展多元餐飲作為後盾，不由得令我想起台北晶華酒店第二任總經理杜尚平，感念他為晶華播下餐飲基因的種子。

杜尚平來台北晶華接任飯店總經理之前，是全球麗晶餐飲部副總經理，曾經籌備比佛利山莊麗晶、雪梨、墨爾本、紐西蘭麗晶，對於名流們的餐飲習慣與嗜好瞭若指掌，台北晶華上庭酒廊 Regent Cooler（麗晶酷樂）就是一九九三年伊莉莎白．泰勒（Elizabeth Taylor）與麥可傑克森（Michael Jackson）訪台，杜尚平熟知泰勒經常光臨比佛利山莊麗晶，都會點一款加州盛產香吉士果汁為基底所調製的冰飲 Regent Cooler，因而特別為她準備的驚喜，之後也成為台北晶華經典飲品。他也率先啟動與國際名廚客座的商業模式，不但培養晶華廚師團隊，也讓晶華餐飲與國際同步。

杜尚平為九〇年代想大力發展餐飲的台北晶華注入全新餐飲視野，也解決了第一任外籍總經理與業主團隊在經營想法上的分歧。比如，現有天下第一廳之稱，帶動飯店 buffet 風潮的栢麗廳，當年台灣團隊看到高級自助餐的需求，但雙方意見相左，還曾出現過栢麗廳的白天是外國總經理要的單點餐廳，晚上再化身 buffet 的情形。杜尚平認同要因地制宜，重視也能滿足本地客的餐飲市場，以他的專業打破那個時代國際五星級飯店內最多只有三到四間餐廳，讓台北晶華成為飯店餐飲龍頭，館內餐廳達八到十家。

晶華軒由日本設計師橋本夕紀夫操刀，進入晶華軒後，會經過一道以玻璃雕刻書法、佐以燈光造景而成的長廊， 打造出心靈的停駐感。

第四章

打造盛裝「創新」的器皿

學習是一股巨大的前進能量，
而能量是由共學與共創組成的。
無論是個人、企業或是社會，
只要是由人組成的組織，
都可以在這樣能量下，發揮最大的力量。

敲掉水泥包袱

就我個人而言，疫情還是帶來了不少收穫。

因為疫情，全球頂尖名校開放線上課程，而且全都免費，我修了好幾門課，其中包括一直想上的建築設計，也選了哈佛大學（Harvard University）建築課，在數位世界裡，每天學得不亦樂乎，遇見好的觀點也會與同仁們分享。十月，太太推薦我上一門YPO（Young Presidents' Organization，青年總裁協會[1]）線上的正向智商（PQ）課程，知我莫若「妻」，果然收穫頗豐。

那日，這門課的印度講師說了一個泰國金佛故事。這尊超過五千公斤、約四米高的盤坐金佛，是泰國三大國寶之一，現被供奉在曼谷金佛寺裡，祂也是世界最大的金佛像，原本藏身於不起眼的水泥外表。考古學家追溯發現，十八世紀時，泰國受到緬甸入侵，本來被皇室供奉在近郊寺廟的金佛太過龐大，僧侶無法帶走，為避免珍貴的金佛被敵軍破壞掠奪，他們在佛像外表塗上一層厚厚的水泥，把金身變泥像。直到一九五五年，工人在搬運時，綁在佛像身上的繩索因耐重力不足而斷裂，碎裂了的水泥露出閃閃金光，人們才發現藏身於泥內的金佛。

這個故事極為觸動我，因為疫情後的晶華人就像敲掉水泥外身，脫下了包袱，百分百蛻變為「小金人」，不但沒被打倒，反而在疫情的洗禮、數位的世界裡變得更好、更強，各飯店總經理傾力帶領同仁不斷提升，將心比心，以身作則，實現把「台灣」最好帶給「各所在地」，把「在地」最好呈現給「全台灣」的共榮使命。

早在十多年前，晶華追求全品牌、國際化時，我便深刻體認到自己培養總經理人才的重要性。

剛買下麗晶時，我想的是選人、找人，怎麼補足缺口，晶華從成立開始就聘任老外總經理，三十年來，晶華集團前後經歷過十多位外國籍總經理，我以前認為經營一個全球飯店品牌集團與經營一家企業沒有太大區別，其實是不一樣的，我們還多了管理顧問的角色。

品牌總部的專業人才除了要懂得經營飯店與服務客人的專業實務之外，還要建立許多能夠跨國的營運制度，並精於「溝通」。尤其，我碰到的業主，像是歐洲的猶太人、東南亞的華僑，他們是全世界最厲害的角色，也是最會做生意的一群人，我從中發現，經營飯店也是一門說服與溝通的學問。過程中，我不斷探尋一個文化融合的經營命題——難道亞洲只能是美式飯店的那套管理標準？晶華是否能夠形成一套華人觀點的飯店經營與培養人才的全球模式？

這是我的使命感，想透過晶華制定出「最佳亞洲模式」，轉念後，當找來世界頂尖的高手，無論是經營管理人才，或是米其林大廚，我更關注如何與晶華團隊協同共創，在東西文化融合的過程，培養晶華人的跨領域、跨地區、跨品牌的整合能力，多年的扎根在最艱困的環境（疫情）開出花朵。

我看見團隊的用心與速度，二〇二一年五月因三級警戒收入歸零時，立即推出的「晶華美食到你家」得來速平台，是大家跟我一起拚了命趕進度，名副其實的「得來速」。行政院公告餐廳禁止內用的三天後，我們就整合完成館內外八家餐廳，啟用「晶華美食到你家」的線上購物車，以線上點單的外送外帶提供服務；兩星期後，常溫與冷凍美食、甜點烘焙、麗晶精品的選品、世界SPA首獎的沐蘭SPA居家等零售產品也上架，我們等於有了自己的電商平台。

當年的七月二日，「晶華會」APP登場，直接縮短消費者與晶華的距離，只要打開APP，便能進入晶華的線上世界。我也會在「晶華會」APP下單，自己當消費者，實測外送到家的晶華美食，我認為使用者體驗是創新不可缺少的環節，而且上架初期更是需要。

但「晶華會」的角色不只如此。我把它視作與顧客連結的內容平台，也因為數位化的關鍵在於溝通，本質在於連結，作為第一印象的視覺設計愈來愈重要。

從我接手經營晶華開始，我就很重視企業識別系統（ＣＩ）。若想真正做好品牌，領導人最好能親身參與，因為ＣＩ是由理念識別的ＭＩ（Mind Identity）、行為識別的ＢＩ（Behavior Identity），以及視覺識別的ＶＩ（Visual Identity）所組成，簡單來說，ＭＩ是想法，ＢＩ是做法，ＶＩ就是視覺傳達。每當創作一個新品牌，我自己會將心力放在ＭＩ與ＶＩ，參與從理念、命名到視覺風格、標誌符號的所有環節，ＢＩ就交由總經理執行，因為他們在飯店管理制度上比我更專業。

我因為喜歡設計，幾十年來充實許多相關知識，期待消費者在第一時間看到晶華的設計與產品時，能覺得好看又實用（這又要回到晶華重視的將心比心，物有所值）。每次看到同仁的提案，我的反饋都是站在消費者的角度：包裝是否夠吸引人？顏色有給人幸福感嗎？有無過度設計？是否兼顧環保？我們對設計的所有細節都很堅持，包括每種顏色、每個字體的粗細比例，都會經過無數次細調。

對我來說，晶華代表「簡單且優雅」的美學，在看不見的設計裡，密實扣緊四個準則：天與地的「平衡」、中西的「融合」、完美的「對稱」、極致的「比例」，設計不是漫無目的，而是要達到完美的將心比心，專業不能是孤芳自賞，而是要能普及大眾，在晶華，如果方向不對，打掉重練是常有之事。從實體到數位，晶華的創作精神都一樣——秉持著人性化設計，堅持做到最好，也永遠不放棄要做到最好。

坦白說，我是會拿著尺實際測量比例間距，不過，這在晶華內部也不是什麼祕密。除了我的辦公桌與會議室，我還有個經常會去的地方，那就是藝術創作部門副協理陳惠芳的電腦桌前，在視覺設計上，她是公司裡與我共同創作最多的人，我常是拉張椅子，坐在她旁邊，邊討論邊修改。

透過共學解決難題

線上平台有了，連結線下的服務價值鏈必須仰賴整體不分彼此的全心投入，對我們來說，像是一場精實的新創之旅，前後場同仁一起捲起袖子，支援服務最前線，完成了許多不可能的任務，過程艱辛卻也充滿共學的樂趣。

古羅馬著名史學家薩盧斯特（Sallustius）說道：「如果心靈是萬物的源頭，那麼一切都是從心演變出來的；如果智慧是源頭，那麼一切都會是有智慧的；但如果存在才是源頭，那麼一切萬有的共性就是存在本身。」疫情反而讓我深刻認知到晶華就是一個共學共創的存在，賦予每個人極大化潛能的機會。現在的我有了新的領會，也開始省思，何謂領導人真正的KPI？

我很喜歡耶穌會說的：「每個人都擁有未經開發的領導潛能。」在歐洲的耶穌會與世界各個角落的夥伴榮枯與共，如羅馬耶穌會的天文學家與數學家，為當時身在中國的耶穌會提供專業知識，使他們成為古時欽天監（天文局）的負責人，也成為皇帝的私人顧問。事實上，在人類的文明史，透過全球的耶穌會共同書寫了近一千件自然史地作品，歐洲知識分子學習到了亞洲、非洲與美洲文化。耶穌會認為，管理者的職責不是說服新進成員要做什麼，而是授予技巧，使成員自行察覺應該要做什麼。

這使我覺知到，作為領導人，我最重要的「功課」，就是創造企業的能量循環系統，然後，確保能量輸送的管道暢通，若能做到這一點，能量就可以循環不息，在危機中重生，轉機裡新生。我自己的做法是透過共學，帶著大家共同創作能解決難題的提案。

舉例而言，「晶華美食到你家」如何重現餐廳經典菜？以晶華軒必點的鱈蟹西施泡飯來說，這是港籍行政主廚鄔海明的招牌菜，一直是許多常客最愛，怎麼讓外送亦如或至少要逼近內用的美味？

這道高湯需要用龍蝦、沙公與白蝦費工熬煮三小時，直至天然甲殼素化為濃郁的香美橘紅，香港人認為蝦屬燥熱，蟹屬寒冷，兩者能互補中和，因而選用北海道鱈場蟹肉、澳洲帝王蝦、生食級北海道干貝作為主角。命名為西施泡飯是形容上桌時，裊裊上升的熱氣宛如婀娜多姿的美人身形，在晶華軒內用，會有專人在桌邊料理，先沸騰高湯，邊說菜邊依序放入新鮮草菇，海鮮（鱈場蟹肉與帝王蝦）、青江菜梗、芹菜、澎湖絲瓜（刮掉易軟的部位）、干貝（川燙七分熟），最後，再將廚房預先酥炸過的泰國香米放進高湯，讓鍋巴式酥脆吸飽湯汁菁華。

剛開始想推外送時，師傅們很擔心因外送時間過長導致美味失真，此時，自建外送車隊就很關鍵，晶華因為有經營達美樂的經驗，很快就成立做好即送的外送車隊，解決師傅們的疑慮。再來，回歸「將心比心」，思考消費者在家中如何煮製鱈蟹西施泡飯？

宛若主廚到家的「Ready to cook」就是將心比心的設計，讓顧客輕鬆快速上菜。我們把食材包裝成三個部分：熬煮完成的高湯、齊備生鮮與蔬菜的食材圓盒，以及炸過的泰國香米，並拍攝好鄔主廚的線上教學影片，無論是外送或外帶，消費者僅需將高湯煮沸，再掃描 QR code，依照影片步驟加入食材，上桌前再倒入香米，十分鐘內搞定。許多消費者回饋，出乎意料的跟現場一樣好吃，讓我們更有信心推出星級料理的外帶外送，也看見雲端廚房的需求商機。

再舉一個客房與餐飲共學解決難題的實例。因疫情無法迎來國際貴客的總統套房一直空著怎麼辦？我們就去思考如何講出晶華總統套房的故事：特色是什麼？有哪些文化資產？能衍生出什麼價值？

首先，大多數人對總統套房滿懷好奇，曾入住台北晶華總統套房的國際元首、全球領袖、巨星都是當代首屈一指的影響力人物[2]。全天候值勤的私人管家（Butler）是台北晶華總統套房長年享譽國際的特色，我們也是台北第一家引進英國私人管家訓練制度與成立管家部門的五星級飯店。當年，麥可傑克森來台開演唱會，臨時需要一間木地板的練舞室，管家團隊以最快速度改造隔壁房間，作為他在台的練舞室，可以想見，只要合法合理，晶華管家們的使命必達。

因而，舉世聞名的巨星、米其林美食、管家服務，成了活化總統套房的關鍵思考。客房與餐飲部門共同創作「米其林巨星之旅」，入住酒店頂級的大班行政樓層，享有全天候有管家服務的貴賓休息室，並開箱挑高兩層樓的總統套房作為私廚餐廳，由米其林主廚操刀晚宴，也結合進駐麗晶精品的「Impromptu by Paul Lee」與「Coast海岸料理餐廳」兩大米其林星級餐廳。

在組織注入學習的靈魂

自多年前讀到彼得．聖吉（Peter M. Senge）《第五項修練》（*The Fifth Discipline*）提及的學習型組織，心中為之嚮往，夢想能做「晶華大學」，讓團隊裡的每個人都可以是導師（mentor），也是學員（mentee），而且各世代之間可以互相學習。

像我在晶華的導師就是跟我女兒年紀相仿的年輕同仁，他們教了我網路世界與新世代關注的事，加上我長年參與YPO，從跨界交流、論壇與課程獲益匪淺，也結交許多國際上的好友，更覺得每個組織都要注入學習的靈魂，才有可能永續經營。因而，我一直想把晶華打造成一個能夠共同學習、共同創作的學習型組織。

國際大型飯店集團都非常重視培訓，晶華集團當然也不例外。比如，對新進員工要先做兩個整天的企業文化與服務理念培訓，然後進行部門培訓，每個月還有在職訓練。我們也曾與觀光局、政大合作，邀請康乃爾旅館學院教授來台，開設觀光產業高階人才培訓課程。為了培養總經理與新世代營運人才，除了在職教育訓練，推動跨部門與跨世代的教練計畫、成立晶華ＥＭＢＡ班……只是，過去的晶華過於忙碌，只能小規模的做，離我想像的學習型組織差距甚遠。

疫情時，政府推出紓困補助與觀光旅遊業人才的轉型培訓專案，意外成為我落實「晶華大學」的起點。

第一年，我們爭取到全台第一個企業自辦的培訓專班，每位員工要於四個月內修滿一百二十個小時的課程，以實體課程居多，我也因而有機緣，在每星期一的「Regent talk」與各總經理暢聊願景與創新，傳承組織智慧，員工可以透過手機或電腦觀看。我也要求團隊，每家飯店、每個部門、每家餐廳都要經營自己的社群媒體，所以集團開了數位行銷課程，培養各飯店、各部門、各單位的小編群，我希望是由第一現場的同仁真切分享，這才是有溫度的社群經營。

第二年補助雖沒有第一年的時數多，我們還是把握七月與八月，快速開出課程。我對數位共學的想像是心態上的轉變，要求人資以線上課為主，且每堂課都要是五到十人的小班制，學員才能充分與老師互動。這是跨飯店的計畫，上千位同仁在共學中成長，學習時數加總有十萬小時。人資開了飯店設計與美學、收益管理、郵輪管家案例研討、人人都是自媒體、行銷與銷售趨勢探討、全心待客、營業報表分析與討論、4DX案例研討、用R12建立高滿意工作環境[3]等二十多門課。課程由同仁自己選修，但每人都要有跨部門的課，聽人資說，熱門時段的課程常是秒殺，晶華人以前忙於上班，疫情時也沒停下，忙著上課！

學習是一股巨大的前進能量，而能量是由共學與共創組成的。無論是個人、企業或是社會，只要是由人組成的組織，都是在這樣能量之下，才能發揮最大的力量。

過去的三十年，集團落實利潤中心制，讓每位員工都有「小老闆」的思維，飯店又是海納百「業」，分工相對繁複，精益求精是晶華人的必要修練，因而以前幾乎是客房做客房、餐飲做餐飲、各飯店做各飯店的，各品牌做各品牌的。疫情把整個晶華改為專案制，重新設定（reset）小老闆們的思維，成了能夠共學與共創的「創業家」，大家為飯店轉型努力增進自己的能力，沒做過的，想辦法無中生有，做過的就持續精進，也讓外界把晶華當作是領導全台及全球飯店產業復甦的指標。

我們組了非常多的專案團隊，許多的好點子都是由下而上提出，晶華的新提案不只要有新意，還要能快速推向市場，所推出每一個專案都是從顧客出發，像是晶華在餐飲事業經營上有個重要的特質，講求豐儉由人、物有所值，讓顧客有多元選擇。我們會透過每星期行銷企畫會議，確保團隊的提案一開始就把焦點放在顧客的角度上。每個專案都需要跨部門的協作，很多專案負責人，都是我們下一代領導人。兩年下來，團隊鍛鍊了專案協作、企畫提案能力。專案制也讓員工打破界限，大家突然發現，原來平日的同事竟然有那麼多的隱藏技能與專長。

創造梅迪奇效應

突然，我也懂了，學習型組織的重點不在於時間多寡，而是建立能夠創造梅迪奇效應（The Medici Effect）的共學機制。

梅迪奇效應源於對中世紀文藝復興有著重要貢獻的梅迪奇家族。這個佛羅倫斯的銀行業家族大力贊助文化藝術，吸引繪畫、建築、詩歌、雕刻、音樂等不同領域人才齊聚佛羅倫斯，加上場域與充沛資金，佛羅倫斯成為文藝復興的起源地，再擴散至整個歐洲，進而成為人類史上的輝煌時代。而，能讓成員共學的組織就像創造梅迪奇效應的器皿，想要盛裝「創新」的聖水，就需要打造這樣的器皿，讓不同領域人才齊聚晶華，融合與跨界，進行共同創作。

簡單來說，就是要創造跨領域的交會，當不同文化、知識、專業能夠在同一個場域裡交叉碰撞（interaction），就容易產出令人驚奇的創新。現在的晶華已經有了跨品牌、跨國籍、跨飯店的梅迪奇效應了，後疫情時代，我們也正式把多元職能、接班人計畫融入領導培訓機制。

回想起來，自二〇〇八年開始，晶華就在為台灣創造「食藝」復興了！每年參考世界廚壇餐飲趨勢與具公信力的廚藝評鑑制度排行榜，找世界頂尖主廚來晶華客座，像是各國米其林名廚、法國MOF國家工匠級主廚、澳洲三帽主廚、日本料理鐵人、全球最佳新銳主廚等，在晶華的平台薈萃創意，交流廚藝，有些客座主廚也會建議私交甚篤的世界主廚名單，晶華再邀請來台客座。

比如，二〇一三年，江振誠與香港米其林三星「廚魔」主廚梁經倫、東京米其林三星「龍吟」主廚山本征治、舊金山米其林三星「Benu」韓裔美籍主廚柯瑞．李（Corey Lee）在晶華聯手客座的亞洲餐飲盛事。能讓四位亞洲天廚同台，也是因為早在台灣還不熟悉江振誠時，晶華曾邀請他客座，剛好聊到他在倫敦遇上山本征治，兩人討論若哪天能一起工作，應該能提升亞洲廚藝的境界，而晶華一直有「把世界最好帶給台灣」的使命，克服萬難，促成四大主廚與他們的團隊同台，另一方面，透過世界主廚客座的機會，也讓台灣在地食材被世界看見。

舉辦十多年後，當大家看見國外名廚是多麼受人尊重的職業，也提升廚師在台灣的社會地位，這是我所樂見的行行出狀元。之於晶華團隊，每位客座主廚都會帶團隊來客座，也形成一個薈萃食藝精髓的國際級平台。後來，我們也在台北晶華二樓的ROBIN'S牛排屋設立一間「食藝廊」包廂，以在地食材重現精選的客座名廚經典菜。

加上，晶華餐飲團隊經年累月與國際接軌，請益與吸收客座主廚所傳授的技藝，再融入晶華本身的三十年料理底蘊，等於坐擁了世界級食藝的金礦、銀礦，因疫情有機會成立食藝學院，落實共學，由主廚傳承技藝，挖掘有潛力的廚師新血。

曾獲選為《時代》（*Time*）雜誌全球百大影響力人物、聯合廣場餐飲集團（Union Square Hospitality Group, USHG）創辦人丹尼．梅爾（Danny Meyer）形容餐飲業是在世界上最困難的行業，自己對旅行、美食和美酒的熱愛是他走上餐飲業的原因。

說實話，我小時滿愛吃的，早上就把帶到學校的便當吃完了。午餐時，人緣還算不錯的我就打游擊，巡一輪同學的便當，看到想吃的嘗一口，沒看到喜歡的菜色，再翻牆出去學校旁的菜市場，吃碗肉焿麵。想想，我現在擔任晶華集團董事長，時常有機會試吃主廚的新菜，達美樂還沒賣掉前，每週三中午也是新品試吃會議，感覺也像美食游擊隊。然而，我並非對旅行、美食和美酒的熱愛，才努力發展集團的餐飲事業。

早在台灣還不熟悉世界名廚江振誠時，晶華就曾邀請他擔任客座主廚，透過世界主廚客座的機會，讓台灣在地食材被世界看見。

我可以享受旅行，但更熱愛學習；我可以品嘗美食和美酒，但更熱中要團隊以在地食材，為亞洲食藝創新，所以，若要把「對旅行、美食和美酒的熱愛」置換為我的三個答案，我會填進「對共學、共創和共好的熱愛」。

二〇二一年十二月，我們正式把內部的學習平台改名為「晶華大學」，這是一個共學、共創與共好的平台，再加上將心比心，可以視作晶華領導人才發展的四大支柱：

「共學」：發展自我覺察的能力，了解自己的長處、短處、價值與願景，能在不斷變化的未來應變與創新，與團隊共同學習，不放棄要做到最好。

「共創」：持續優化我們所做的一切，共同創作，要讓自己、家人以及客人的生活更安心幸福，追求全方位的福祉，把最好的呈現給在地，以及疫情後的世界。

「共好」：能以一種正向而關懷的態度與社會共好，善盡企業社會責任，投入ESG（Environmental Social Governance[4]），連結晶華的核心優勢，推動永續發展。

「將心比心」：一切思考的源頭，行事的指南針，盡可能以愛、熱情與同理心激勵自己與他人，成就他人亦成就自己。

共學、共創、共好與將心比心，就像能夠創造愈來愈多總和，互蒙其利的正和遊戲，跳脫舊世界賽局裡的零和遊戲（輸贏加總為零）。而，疫情後迎來的新世界，正需要彼此共贏的心態。

我希望未來的晶華人，每個人都能以這四大支柱開發出自己的領導潛能。領導就是引領，每個人都有影響力，無論大小。一位能讓同仁、客人、家人的「心情溫度計[5]」（圖3）由沮喪、生氣的負兩度提升到高興、開心的正一度的人，不也是一個成功的領導人？

在我心裡，答案是肯定的。

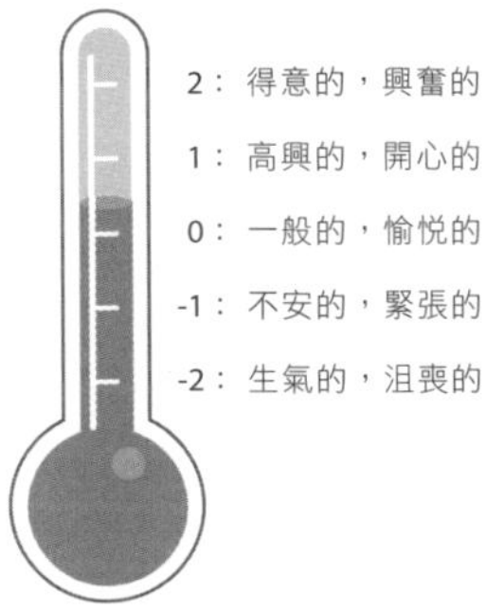

2：得意的，興奮的
1：高興的，開心的
0：一般的，愉悅的
-1：不安的，緊張的
-2：生氣的，沮喪的

圖3　心情溫度計

1 YPO是一個提供領袖人物參與、學習與成長的全球平台，成員來自一百三十多個國家，皆是世界上最具影響力和創新精神的商業領袖。

2 美國前總統布希（George Bush）、前美國國務卿舒茲（Shultz）、天王麥可傑克森（Michael Jackson）、世界三大男高音、湯姆・克魯斯（Tom Cruise）、女神卡卡（Lady Gaga）、天后惠妮・休斯頓（Whitney Houston）、碧昂絲（Beyonce）、籃球大帝麥可・喬登（Michael Jordan）、小飛俠柯比・布萊恩（Kobe Bryant）、網球明星阿格西（Agassi）、名模克勞蒂亞・雪佛（Claudia Schiffer）、國際知名影星蘇菲・瑪索（Sophie Marceau）、茱麗葉・畢諾許（Juliette Binoche）、基努・李維（Keanu Reeves）；日本明星濱崎步、宮澤里惠、小室哲哉、安室奈美惠；韓國防彈少年團（BTS）、TWICE、BLACKPINK，還有李安、周星馳、張學友、劉德華、楊紫瓊等，都曾入住台北晶華總統套房，法國大導演盧貝松電影「露西」（Lucy）更在晶華取景。

3 R12是晶華專屬的人才評量表，由潘思亮親擬十二個問題，詳見第八章。

4 ESG為環境、社會與公司治理，可被用來衡量一家企業的永續（sustainability）發展指標。環境保護（Environment），包含溫室氣體排放、水及汙水管理、生物多樣性等環境汙染防治與控制；社會責任（Social），包含客戶福利、勞工關係、多樣化與共融等零售產業影響的利害關係人面向；公司治理（Governance），包含商業倫理、競爭行為、供應鏈管理等與公司穩定度及聲譽相關。

5 心情溫度計原是晶華團隊在款待服務的過程，運用來自我評估顧客滿意度的一項工具，潘思亮極為重視，並推廣至組織管理。

潘思亮的晶華美食名單

二〇二一年第一份台灣人觀點的美食評鑑「500盤」發表會上，晶華軒奪得八盤，主持人蔣雅淇問我，若只有一盤可以投票，會選擇哪道晶華美食？我想了想說：「ROBIN'S沙拉吧，因為每個人都可以用最新鮮全食的材料，做出自己覺得最好吃又健康的那一盤。」

晶華在餐飲文化上，既是傳承也要創新，時常有朋友請我推薦晶華美食，就藉著本書首次公開我的晶華美食名單。秉持晶華在做餐飲的「豐儉由人」初心，請大家不要被我的名單侷限，把它視作是發現晶華美食起點，之後也可以有屬於自己的晶華美味與記憶。

宴客時，我喜歡搭配「晶華軒」的晶華水席（Soup Pairing）。它的靈感來自於數年前，我和YPO好友受邀到河南，品嘗到當地百年老店的洛陽水席。基本上是湯搭餐，每道菜都會配上一碗小焿湯，而且口味像極台南小吃的肉焿、魚焿湯，甜甜酸酸的，我好奇問店家：「是不是台商開的？」結果，差點沒被趕出去。店家解說，洛陽水席典故源自唐朝武則天的年代，為了祝福她稱帝能夠水到渠成，特設水席而宴之，是集河洛菜之菁華。

這幾年晶華一直在發揚台灣飲食文化，從材料、口味、茶配菜等，終於重新發現（Rediscover）我們跟河洛飲食文化一脈相承，加上晶華軒主廚鄔海明師出名門，更是香港湯品高手，因而，水到渠成推出了晶華水席，水席的壓軸當然是晶華軒招牌菜鱈蟹西施泡飯。它也有外帶包，在家只要五分鐘即能上桌，是我全家人在週末餐桌上的最愛。

晶華軒工打粵菜港點，我的美食名單上亦有：滋潤回甘的生磨杏汁燉白肺湯、招牌蜜汁叉燒、蘿蔔絲酥餅、鱈場蟹三吃、海派剉冰，以及我的私房菜蟹肉餅。自從冷泡兩次再熟成的北埔東方美人烏龍香檳茶上市後，我偏好以茶代酒。這是一款新式氣泡茶，若用高腳杯裝盛，視覺上就如金黃香檳，還能看見杯底冉冉上升的細緻氣泡，且口感帶有蜂蜜和柑橘熟果香的淡雅清爽，非常適合佐餐。

我喜歡吃道地上海菜，特別是滬式熱炒，晶華二十一樓川滬美饌「蘭亭」的韭黃鱔糊是一絕，我也很推薦蘭亭的雪菜百頁、東坡肉、紅燒牛尾、松鼠黃魚、野生甲魚湯和「料理鐵人」陳建一傳授的麻婆豆腐。

「ROBIN'S 牛排屋」的牛排當然沒話說，沙拉吧更是沙拉界的精品，許多客人專程為沙拉吧而來。牛排屋與鐵板燒所使用的牛肉全是主廚陳春生精挑細選，他的雷達可以從Prime級挑出近乎和牛等級的肉品，所以我常說要吃牛排就來ROBIN'S，保證物超所值，尤其是戰斧牛排三吃，最適合我們全家或三五好友分享。不過，我最想推薦的是ROBIN'S的伊比利豬排，講句真心話，它可是比牛排還好吃的豬排。至於老少咸宜的「栢麗廳」自助餐，我都是直攻由成功漁港新鮮直送的海鮮台，海鮮湯特別好喝。

若是想吃點簡單美味，中庭「azie」現代中西美饌有很棒的選擇（披薩、肉醬寬扁麵、石鍋拌飯等），散發鍋香的XO醬鮮蝦干貝炒飯可不簡單，不僅征服我的胃，連國巨集團董事長陳泰銘也偏愛。如果你喜歡吃紅油炒手，請試試我們的紐約紅油炒手，我在紐約吃到加花生醬的紅油炒手後，念念不忘滋味，回來後便請晶華主廚研發出來。當然，紅到出國巡迴的晶華紅燒牛肉麵與冠軍清燉牛肉麵更是必嘗，我在家特別囤了我們肉量加倍的冷凍牛肉麵王（Double Beef Noodle）。

二樓「上庭酒廊」Regent Cooler與用奶油烹製的龍蝦堡也是我的口袋名單。地下三樓的「三燔本家」雖是以壽喜燒出名，也可點用呈現食材原味的蒸籠蒸，把牛肉放在蒸籠裡，以火鍋熱氣去蒸煮，等於幫牛肉洗三溫暖，完全吃進一等一的甘鮮，鱈場蟹三吃更是必點。如果你是甜點控，晶華的香蕉巧克力慕斯、千層水果派可以一試，尤其是千層水果派蛋糕，超級費工，濃郁而清爽，還有女兒 Kristen 最愛的cake pop和北海道生乳捲。

我也非常推薦進駐麗晶精品的餐廳。像是米其林星級主廚林泉的「Coast」、李皞「Impromptu by Paul Lee」，這兩位也有與「晶華美食到你家」聯名，線上推出李皞的香烤手扒玉米雞米其林套餐、林泉的南洋祕製醬烤肋排米其林套餐，限時供應期間，也是我們家必點的分享餐。全素的米其林級餐廳「Curious」素食威靈頓牛肉，更是頂級蔬食代表作。「Coquology 料理生活」的法國烤白醬與康提乳酪火腿三明治（croque monsieur）是我喜歡的濃郁起司滋味，以及來自北海道「椿 Tsubaki Salon」的外帶厚鬆餅水果三明治，兩者適合想要小食的時刻。

晶華美食到你家
Take Regent Home

舌尖上的晶華
Taste of Regent

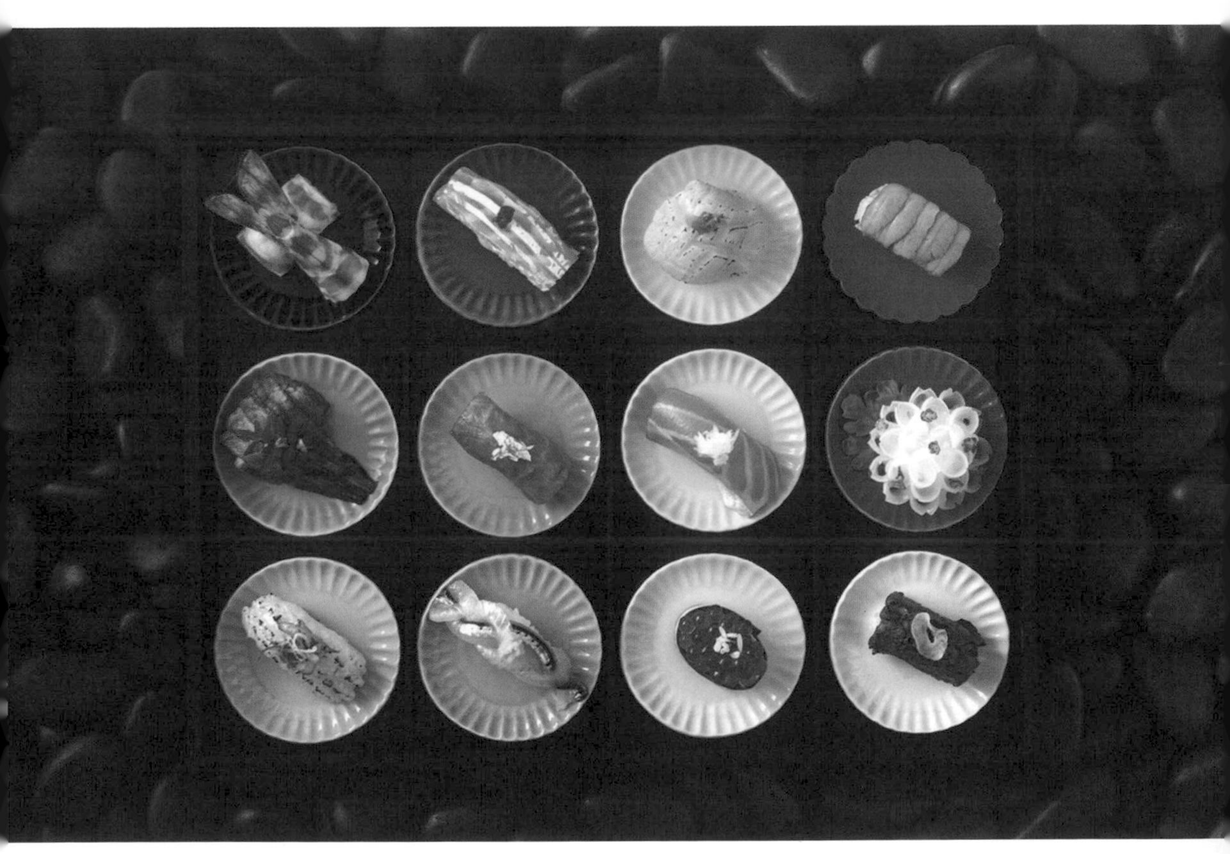

晶華使用台灣在地食材，創作出的數道經典菜皆名聞遐邇。
而疫情讓晶華轉型，推出外帶、外送服務，在家即可享用美
味不失真的星級料理。

因為業績、來客數以及市場口碑皆領先業界而被稱為「天下第一廳」的
栢麗廳自助餐廳，承載著每日漁獲海港直送的豐美海鮮餐台。

故宮晶華推出的「國寶宴」有臨摹翠玉白菜、肉型石、苦瓜白玉等文物的佳餚。造型奇趣的「迷你貴妃壽桃」更是吸睛。

晶華軒的「鱈蟹西施泡飯」以及可供超過12人享用的「海派剉冰」，
都是餐廳招牌且膾炙人口的美味。

之末

思索：

晶華不敗的祕密

——The Renewal

我們可以用馬勒——這位終其一生在創作裡回應生命意義的偉大音樂家，他的第二號交響曲「復活」（Resurrection）來總結第一部「轉化（transfcrmation）」。

傳記作家史佩克（Gerhard Specht）這麼形容馬勒的這首「復活」——回應了所有人類的恐懼、希望與懷疑，這些都是每個人會遇到的生命議題。從真實人生對應到企業經營，當企業或組織身處危機時，也會有憂慮、懷疑與恐懼，真正的領導者是能做出正確抉擇的人，因為要先能夠做出正確決策，才能採取有效的行動。

變化是事物的天性，人世間的每一件事都是有生有滅，有著未知與不確定性。潘思亮與晶華還在成為全球最獨特的飯店集團之路上，不變的是，在一次次的危機中，他們努力轉型重生，因而創造了轉機，迎來新生，這樣的轉化之道形成一種具有宇宙觀點的重生系統循環（The renewal，圖4），也是晶華不敗的祕密。

若將之類比為太陽系。在太陽系裡，由內到外的行星分別是水星、金星、地球、火星、木星、土星、天王星、海王星，還有一顆冥王星（目前天文學家有第九行星或矮行星的爭論），每顆行星都有自己的軌道，但都直接環繞著太陽運行。

「將心比心」正如太陽系中心的太陽，是重生系統的能量源頭與遵循的行事法則，也是啟動重生（renew）之旅的核心精神。太陽提供光和熱，是生命之源，萬物運轉的中心，人類以其升降校準時間，形成四季循環，在許多的文明裡，更可見帶來光和活力的太陽象徵賦予生命。

其他的行星則代表這個重生系統所展現的發展面向與創造實現的過程。由近到遠分別是學習型組織（神話裡的水星象徵溝通學習）、生活風格（金星象徵美學品味）、Hybrid 商業模式（地球，代表可落地模式）、願景的執行力（火星象徵行動力）、永續文化（木星是神話裡的宙斯也是太陽系裡最大行星，象徵成長與機會）、Well-being（土星是建立結構與秩序並辛勤得豐收，在這象徵追求人類福祉）、

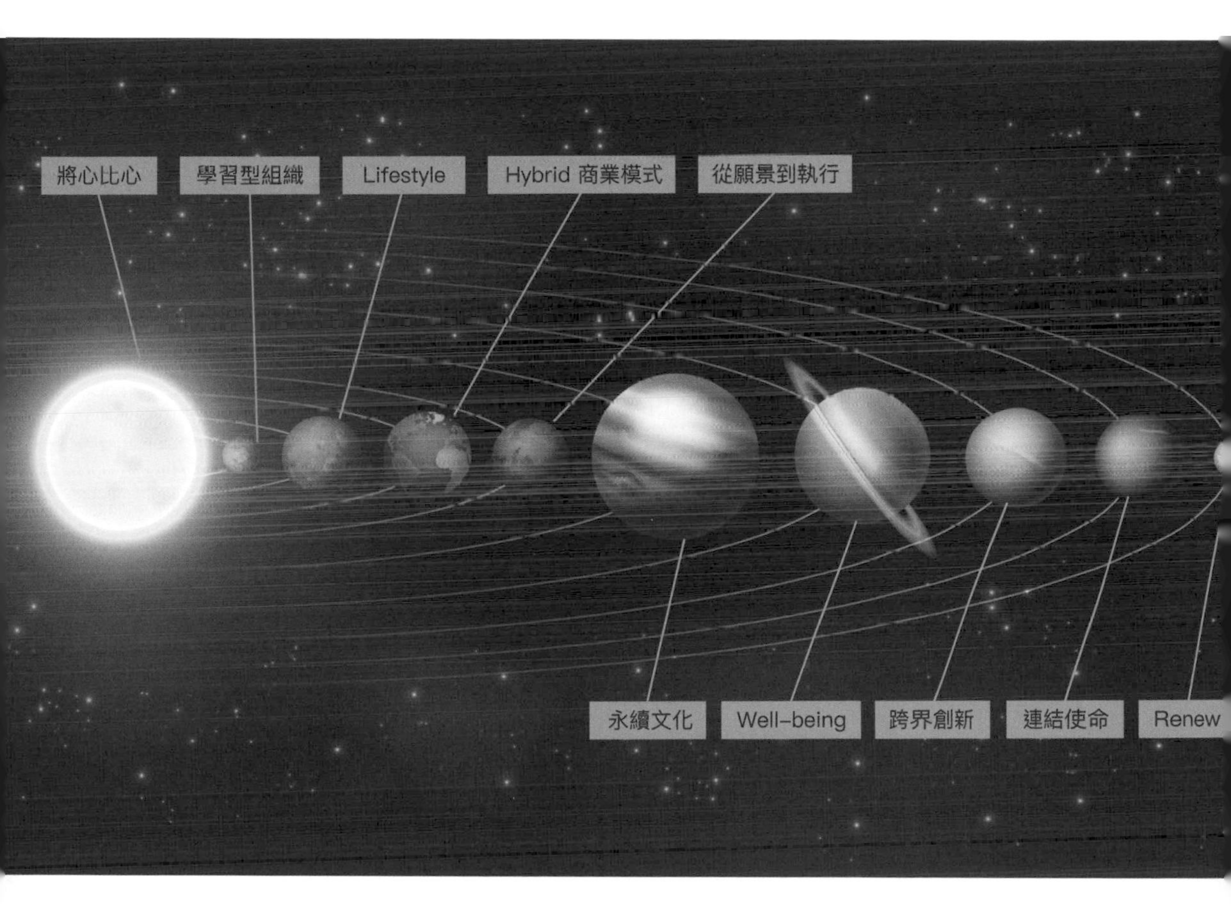
將心比心
學習型組織
Lifestyle
Hybrid 商業模式
從願景到執行
永續文化
Well-being
跨界創新
連結使命
Renew

圖4　重生系統循環

跨界創新（天王星代表變革力與創新）、連結使命（海王星代表想像力與超越），以及最終目的「Renew」（冥王星象徵危機轉化與蛻變力量）。

晶華啟動「將心比心」的重生之旅，透過「學習型組織」創造與實現，共同創作符合需求趨勢的「生活風格」，並將重生的願景化為可實現的「Hybrid 商業模式」，以及重視從願景到行動方案的「執行力」。同時，持續扎根永續文化與追求人類福祉（well-being），連結晶華存在的「使命」——把世界最好的帶給在地，把在地最好帶給世界，以此深耕「跨界創新」的能力。

其實，在東西方文化中，如西方的十字架、東方的太極陰陽圖都指出了轉化（transform）是世界運行不可或缺的要素。

在西方，十字符號代表是物質世界的中心，教堂的結構就是在圓頂正下方放上十字架，十字架正是轉化苦難、死亡之所在。這個意涵不只呈現在建築上，天文學的行星代號、社會文化常用的男性與女性代號，都是由一個圓形與一個十字符號所組成。圓形表示心靈，十字象徵物質，若圓形在上，十字在下，代表女性與金星的陰性能量；若十字在上，圓形在下，代表男性、火星的陽性能量。

東方的太極陰陽圖更是直指轉化是個動態過程。黑白各半的大圓形，白色的半圓裡有黑點，黑色的半圓中有白點，黑點與白點正是兩個轉變點，兩點的邊境就是人生的成長之路，正是道家的「禍兮福之所倚，福兮禍之所伏」，在一切大好時，無從預料的毀壞可能悄然而至，在看似失去的災禍中，可能浮現新生的幸福。在馬勒「復活」第五樂章裡，女高低音的吟唱亦傳達了這樣的真理：

【女低音】

要相信啊，我的心，要相信，
你沒有失去什麼！
你擁有，是的，你擁有渴求的一切，
擁有你鍾愛、力爭的一切！

【女高音】

要相信啊，你的誕生絕非徒然，
你的生存和磨難絕非枉然！

【合唱與女低音】

生者必滅，

滅者必復活，

不要畏懼，

準備迎接新生吧！

面對致命的危機，思考的核心從來就不只是表象生與死，而是更深刻的存在意義——怎麼活才算是真正的復活？

試著思索或創造屬於你的重生系統，並勇敢啟動。

在一次次的危機中，晶華努力轉型重生，因而創造了轉機，
迎來新生。（圖為晶華門僮）

第二部

蛻變——

共創新生之旅

真正的發現之旅不在於尋找全新景致，
而在於擁有新的視野。

The real voyage of discovery consists
not in seeking new landscapes,
but in having new eyes.

——法國作家馬塞爾·普魯斯特（Marcel Proust）

之首

導言：

飯店人的智慧

——由超越邁向卓越

飯店，是一座看不見的城市，每座城市都是一群人的故事，城市的風格也因而變得豐厚。

台灣的風格，來自精采的人；台灣最美的風景，來自豐富的樣貌。這座島嶼擁有神的恩賜，高達百分之六十的森林面積，自海拔零到超過海拔三千公尺，重複起伏三百次以上，得天獨厚涵蓋了熱帶、溫帶到寒帶的林相生態。精采的人與豐富的生態，營造出不同的城鄉風貌，想像一下，能以嫣然新姿發揮的深度旅遊能量可以有多巨大？

晶華集團，正是這樣的存在。國際上，特別在新冠疫情後，嘖嘖稱奇晶華絕處逢生的能量，這樣的能量也是源自「精采的人」與「豐富的樣貌」。

她可以是置身在首都的台北晶華，或是輸出飯店品牌規劃設計與管理能量的重慶麗晶；她也能是位於古都的台南晶英、在東西橫貫公路峽谷裡的太魯閣晶英；更能是溫泉勝地裡以藝集眾、以文匯客的晶泉丰旅。

她的定位可以是國際五星級商務飯店，也能化身為多樣貌的城市渡假酒店，或是集未來想像於一身的「X」飯店，也可以是為聚落注入風格的設計型旅館。

比如，在老三重打造新北市最美工業風的三重捷絲旅。概念起自原址是三重望族的起家厝──隆發製材廠。運用全球又在地的創作思維，以創意復刻經典，讓紐約 SOHO 工業風與在地紅磚建築相遇。館內多個角落呼應現代工業風主題，並以文化創意賦予探訪樂趣，如挑高大廳掛上木梯、鐵鍊與燈泡組構而成的大型裝置藝術燈，就連房內的馬克杯細節也是風格小物，把手設計成螺絲起子、電鑽、鐵槌等趣味造型。在三重前所未見的創意風格，開幕的第一個月即達損益平衡，創下集團最快紀錄。

全生活風格的價值創新

可以說，走進各城市的晶華，讓飯店也能是區域風格經濟的引領者。當進入了風格經濟[1]，晶華就不再只是飯店服務業，而是能夠跳脫傳統的飯店產業框架，開創不同的商業模式。這是飯店人以價值創新的智慧。

創新也可以是創造新的服務體驗，發揮品牌的附加價值，提出完整服務解決方案。過去，價值創新要思考服務與商品的「total life cycle（全生命週期）」，從提出創意到消費過程和後續服務都要一併考量，現在則要能切合消費者需求的服務與產品，注入「total lifestyle cycle（全生活風格）」，這正是一種思索他人生命幸福的思維。

所以，晶華可以結合集團餐飲實力、將心比心的服務品質，延伸頂級管理服務，進駐社區的物業管理，不但具有差異化優勢，也能以品牌提升物業價值。而在疫情中成形的數位晶華，能化身雲端管家、雲端廚房，發展餐飲訂閱制、私人宴會、客製課程等行動服務，以「全生活風格」進行價值創新。

除了飯店品牌，晶華在海外，已經發展出飯店式豪宅品牌，成為飯店與豪宅共構的綜合體開發商。

這個模式是開發商、住宅客戶與管理公司的三贏，業主透過銷售豪宅的收入提前回收與建飯店成本，飯店營運後，還會持續創造長期現金流。過去十多年，全球麗晶成功在東歐黑山港、越南富國島、印尼雅加達和美國波士頓等地插旗，成為指標品牌「Regent Residences」，開發案皆創下尚未完工就全數售完的佳績。

疫情使宅經濟全面升級，快速進化，晶華擴大布局，把麗晶豪宅的成功經驗帶回台灣，創作更精緻的生活風格。其實，晶華本來就有豐富物業管理服務，新光信義傑仕堡、上海湯臣一品都是多年客戶[2]。

「能像Steven精準掌握國際飯店趨勢的管理者非常少，」潘思亮的研究所學弟、風傳媒董事長張果軍指出，晶華總能超前業界，最大關鍵就在於潘思亮精準洞察市場變化，且能善用金融工具進行創新。

張果軍也是潘思亮在投資事業的多年夥伴，兩人本來不熟，因為張果軍在海外工作時，出差回台北都是住晶華酒店，在校友會與投資圈認識這位學長，後來潘思亮邀請他出任晶華集團的董事。張果軍一路看著潘思亮經營晶華集團，同時佩服他，出身看大項目的投資圈，卻可以領導這麼需要綿密細節的飯店業，「不是所有人都可以看大局，又能且願意著眼小處。」

飯店是天然的ESG場域

飯店，也是一條觀光服務價值鏈。不同於製造業的OEM、ODM縱軸發展，是多樣性的跨產業橫向軸線，所以，飯店服務產業是迷人的，它會因著當地文化與風土民情，衍生出與在地「共創」的風格力，也是潘思亮口中的天然ＥＳＧ場域——以分享生命的喜悅與幸福感為目的。

因而，好的飯店常成為旅人口中的城市地標，一間偉大的飯店就如建築作品，會側重空間理論、土地開發、城市規劃與文化資產；好的飯店會融入群體，與城市「共好」，成為生活風格的灌溉養分，透過優質的經營管理啟動資本循環，為所在城市賦予風格經濟的價值。

好的飯店常會與環境平衡，無論是建築本體的有形空間，還是款待經營的無形服務，或是從產地到餐桌的供應鏈管理，運用人文精神、產業特色、自然環境等資源，結合創意美學、生活方式、旅行意義與在地「共生」。這是飯店人對待環境的智慧。

正因為如此，成功的飯店管理，本質必須涵蓋物質層次、行為層次以及精神層次的三種層次。物質層次是外在展現，指空間設計與硬體設施；行為層次是指行事準則的規章制度，也是團隊的標準作業程序（ＳＯＰ）。

精神層次包括企業的經營哲學、價值觀、職業道德與態度、飯店精神文化等，是深層的意識型態，最直接的呼應是人員的氣質展現，需要透過長期形塑而得，是物質層次與行為層次的基礎。若三個層次能夠緊密相連，可以使群體表現非凡，企業愈能將創新基因根植於組織文化，在激勵員工在體現個人價值的同時，亦實現企業的願景與目標。

三十多年來，晶華透過這三個層次的日積月累，形塑了團隊成長的企圖心，成就出許許多多精采的飯店人。另一方面，從這些飯店人的生命故事中，看見飯店是趨近天賦人權，生而平等的職場，無論來自哪個社會階層，都能因著個人的努力，成就人生。

作為二十多年晶華集團董事長，潘思亮有個深刻的經營體悟：「飯店這個行業可以照顧到多元族群的工作權，博士能與社經弱勢一起工作，跨文化能在其中共融，可能也是全世界最男女平等的產業，以晶華來說，女性工作者比例占了五成以上，董事會也有一半是女性。」

這是飯店人與社會共好的智慧。

道心與戰術：四能量與4P

第一部談完了自我超越的轉化之道，第二部將呈現晶華絕處逢生的蛻變之道，也就是哲人尼采所言，參透了「為何」，才能迎接「任何」。

如此一來，能夠掌握晶華從初始到壯大，持續蛻變，由超越到邁向卓越企業的修練關鍵。為什麼晶華可以一次次自危機中重生？有些企業卻做不到，又為什麼超過三十年的晶華集團，可以保持如新創公司般的創業精神？她是飯店業最具創業精神的公司。成功可以靠運氣，但成就絕對無法。

在第二部，將以「風、土、火、水」四種能量剖析晶華，解讀她從超越邁向卓越的成長途徑。同時，四種能量分別對應晶華集團的品牌哲學（Philosophy）、創新服務與產品的思維（Product）、組織執行力與人才培養（People），以及形塑企業的未來願景與存在目的（Purpose）等四個面向（4P）。

四能量與4P，就像晶華經營的道心與戰術，是策略思考的根本，能夠抓住成長曲線，一方面保存核心精神，另一方面又能刺激團隊進步。道心與戰術也如同道家哲學的陰陽太極，四能量是道心，讓晶華有一套永恆的核心精神，以及忠於相信的價值。4P是戰術，可以刺激企業進步，因應外部環境，不斷改變、創新經營模式。

「風能量」的道心是融合與跨界，體現一種二元性，展現兼容並蓄的開闊能量，形成晶華品牌哲學，是集團品牌地圖的出發點。

當年，潘思亮收購全球麗晶品牌時，寫了「Re」開頭的十二組關鍵字，每一個關鍵字均連結了 個「yet」的片語，排列起來，像是一首短詩，完整詮釋品牌核心精神。這十二組形成晶華集團的風格DNA，成

REGENT ESSENCE

RECONNECT	GLOBAL	YET	LOCAL
REDISCOVER	MODERN	YET	TIMELESS
REFINE	SIMPLE	YET	ELEGANT
REINTERPRET	CULTURED	YET	INNOVATIVE
RELAX	LUXURIOUS	YET	UNDERSTATED
REDESIGN	STYLISH	YET	COMFORTABLE
RESERVE	QUIET	YET	CONFIDENT
RESPECT	DIGNIFIED	YET	EFFICIENT
RECOGNIZE	ATTENTIVE	YET	DISCREET
RECIPROCATE	INTUITIVE	YET	INSIGHTFUL
REDEFINE	BESPOKE	YET	FAMILIAR
REAL	AUTHENTIC	YET	DISTINCTIVE

晶華品牌元素有如太極的陰陽，雙元融合，生生不息；亦如生命密碼金鑰的DNA雙螺旋結構（The Double Helix），像似兩條相互纏繞的串珠長鏈，不斷進化與蛻變。

為旗下品牌的「Design and Action」創作指南，簡稱也是DNA。

「土能量」的道心是觀照與創造。觀照是由外而內（outside-in）的連結全球，創造是由內往外（inside-out）的扎根在地。因而，晶華集團的創意可以來自四面八方，創新也能是組織內外的共同創作，大自飯店建築，小至迎賓甜點，從產品開發到市場行銷，打造命中消費者需求的「產品與服務體驗（Product）」。

疫情後的商業世界，AI是升級配備、伴隨而來元宇宙、NFT等價值商機，已經沒有企業不能是以數位科技加值的未來產業了！如何以創意、創新引領生活風格？未來，看見與滿足消費者的身心靈需求變成服務業的必修課。

當然，在這其中，將心比心的永恆價值，讓晶華人習慣把自己當顧客，模擬他們的生活經驗，不斷改善、創新、提案，亦形成設計思考（Design Thinking）第一步——同理[3]。設計思考是目前產業界未被充分運用的創造力來源，因著潘思亮喜愛設計，在晶華集團推出的「作品」，從飯店、餐飲、商品都見得到屬於晶華式的美學風格，也在無形之中，把設計思考注入組織文化裡，從人的需求出發，為各種問題尋找創新解決方案，創造更多可能性。

「火能量」的道心是有紀律的行動，一切從人開始，因為組織執行力仰賴人才（People），晶華以利潤中心制培養出許多發自內心的小老闆。

早在九〇年代開始，晶華就向台塑集團創辦人王永慶取經，導入利潤中心制，是全台灣第一個實行此制度的服務業，三十年來仍持續微調細節。

近年，潘思亮在組織管理上更深植執行力四大修練（簡稱4DX）——鎖定極重要目標、從領先指標下手、設計醒目計分板與落實當責，由他與高階主管帶頭推廣給全體同仁，幾年下來，4DX已經融入晶華人的管理思考。

利潤中心制與執行力四修練成為晶華集團發揮火能量的兩個重要行動藍圖。

ESG×永續×身心靈＝Well-being

「水能量」的道心是打造永續共好的共同願景，是潘思亮的初心，真實傳達出企業核心價值與目的（Purpose），亦是組織存在的根本原因，能夠為團隊成員帶來清晰明確的工作意義。

特別是在世界遽變的時代，後疫情、各形態戰爭、能源、糧食、通膨等挑戰，改變整個世界的格局，想在激烈時局裡前行，更需要水能量。新冠疫情讓人類進入新的世界，許多企業省思到ESG的重要性，某種程度，ESG正是一種建築家觀點的永續思維。

潘思亮一直是對建築有興趣的，在他的書櫃上，每本建築書裡都有他閱讀多遍的註記心得。曾想當建築師，後成為飯店集團經營者與品牌創辦人，過去的三十年，建築思考被他運用在飯店空間設計，現在的他則應用在數位與ESG的新世界。

他重新定義晶華是一個成就人類追求福祉（well-being）的企業，並在企業經營策略與文化實踐全面融入這個目標。二〇二二年一月，潘思亮寫下晶華要發展的「well-being」是ESG×永續×身心靈：「我終於領悟了 well-being 其實就是不折不扣的企業ESG，也包含了個人和家庭的ESG。原來，晶華不知不覺已經在實踐了（見第八章），過去的我們不知道那就是ESG，只是理所當然認為就是要這樣做，自然而然存在我們的每一天裡。」

卓越企業必然重視願景。企業的韌性也來自願景，以及它對於組織成員的吸引力程度，因而，成功領導者會引領大家致力追求企業願景，有了願景，才會有對的策略與執行力。

潘思亮喜讀老子，他的領導風格自然朝向願景型領導（visionary

參透了「為何」，才能迎來「任何」，是晶華由超越到邁向卓越企業的修練關鍵。（圖為故宮晶華一景）

leadership）。在台灣，他最推崇奇美集團創辦人許文龍無為而治，自成一格的經營哲思。

願景型領導者會重視願景與使命，賦予成員自主性，因而會充分授權，直接管理人數不多，重視與部屬共創願景，並致力將願景內化為組織價值觀，凝聚團體共識，引導成員的行為。他們多半會把心力放在傳達願景、激發與鼓舞團隊潛能，關注創造與未來變革。在企業持續成長的過程中，也會用自身的營運為經濟、社會與環境帶來正向影響力，創造永續共好的價值。

有一個多年前的故事可以見著潘思亮這樣的心性。

二〇〇二年，台北晶華改裝二樓鐵板燒與牛排屋，團隊左思右想，想為餐廳取個響亮的新名。餐廳常會以老闆或是主廚來命名，但潘思亮卻不這麼做。

他提出一個眾人都沒想到的名字：「就叫 ROBIN'S 牛排屋吧！」

Robin 真有其人，不是潘思亮，也不是創辦人潘孝銳的英文名，更不是集團的哪位主廚，而是人稱 Robin 叔叔的牛排屋資深外場主管劉文秀（1949-2015）。劉文秀是西餐的活字典，九〇年代，台北晶華從香港麗晶引進牛排屋，邀請他來主導。他事必躬親，非常講究基本功，為集團訓練出許多餐飲管理人才，包括台北晶華董事總經理吳偉正都曾是其子弟兵。ROBIN'S 牛排屋也被稱為晶華裡的西點軍校。

潘思亮認為，能夠以一位與公司共同成長的資深同仁為餐廳名，別具意義：「我就覺得要用他的名字，他是我們永遠的楷模，數十年如一日的自我要求紀律，為晶華傳承以客為尊的款待文化。」這應該也是全球第一個以外場員工命名的五星級餐廳。

邊境管制超過兩年，國際旅客從每年一千多萬剩不到百分之二，作為疫情海嘯第一排苦主，潘思亮讓成員看見願景，一路向前。

面對殘酷的現實，一如他自己的名字，思索前方的光亮。

在看不到盡頭的危機時刻，帶領團隊相信未來是更好的世界，對內溝通願景，對外展現價值，讓疫情危機轉化成晶華能迎接「任何」的印證，回歸初心與經營本質，創造出傲視國際同業的獲利績效，成為全球飯店服務業標竿。

潘思亮說，危機是雙城記，是最壞也是最好，等在絕望冬天後頭，是帶來希望的春天。這是飯店人看待逆境的智慧，也是晶華轉危為「生」（新生）、兼容並蓄的企業韌性——既能保存核心精神，又能蛻變新生。

若道路前方是絕處的陰影，那是因為還有一盞燈尚未點亮。

1 風格經濟是眼、耳、鼻、舌、身、意的六感體驗，其中，「意」是根本，是生活的意念與內涵，也是一種價值主張。

2 晶華在二〇〇九年成立晶華公寓大廈管理維護股份有限公司，由集團與樂富資本共同持有，且由晶華擔任樂富一號的管理機構。多年來，借重集團飯店資源與品牌經驗，提供國內外的豪宅、商務出租等物業管理服務。另一方面，結合晶華與樂富資本兩大股東的優勢，引進國際投資銀行的財務分析與投資策略，成為台灣第一家由資本市場領導的REIT管理機構。

3 設計思考是以人為本，考量人的需求與行為、科技、商業可行性的設計方法，從同理（Empathize）、定義（Define）、發想（Ideate）、原型（Prototype）、測試（Test）的五階段。創始者為IDEO創辦人David Kelley，他在擔任史丹佛大學設計學院院長時，把過去從設計角度思考解決問題的經驗變成碩士學程，讓實務界的設計思考走進學術領域。

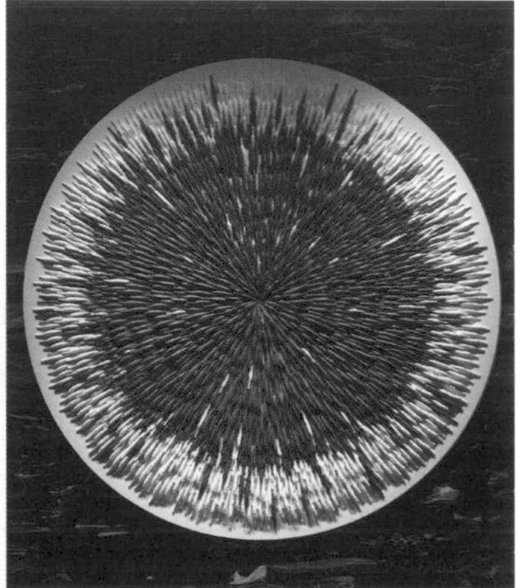

大廳壁面是以鳥瞰重慶山城錯落的屋脊為意象，使用景德鎮燒出的陶瓷拼製而成。還有以當地飲食文化——辣椒為元素的壁飾，把味覺轉變為視覺饗宴，更有由台灣設計師設計、透過重慶在地職人完成的銅絲工藝屏風。

重慶麗晶酒店融合在地人文與工藝，重新詮釋古今重慶。

第五章

風能量
——融合與跨界的風格DNA

東西方文化融合的絲路，也是晶華經營的思路，我們一直堅持著文化雙融與跨界創新的DNA，定義自己是東西方文化的橋梁、世界與在地的引領者。

我們為何要自創品牌？

因為我是小留學生的關係，在國外時就喜歡能夠代表東方，並讓西方欣賞的事物，落葉歸根之後，特別嚮往中華文化。

晶華的這兩個字，正看、反看都相同，充分傳達中文字形的對稱美學，對外國人來說，就算先看到反面的字，也能意會。我最常跟設計同仁講的其中一句就是：「這個西方人看不懂。」

原本，我們不叫晶華。「Regent Taipei」中文名原是台北麗晶酒店，一九九三年，我們規劃要朝向上市之路[1]，當時查了法規，企業必須有自有品牌，單掛外國品牌的公司是不能申請上市，於是就在麗晶的後頭，加上中華兩個字，簡稱晶華，之後，晶華陸續在台中、高雄、花蓮天祥設點，建立自有連鎖飯店[2]。

我的策略是，英文還是用 Regent，中文就用新名，也符合證管會規定，一石二鳥，可「Regent」又「晶華」。三十年來，晶華一直堅持文化雙融的DNA，定義自己是東西方文化的橋梁、全球與在地的引領者，二元性的融合亦造就了「Hybrid」思維，跨界（cross over）思考更是存於商業模式之中。

後來，我才明白，當下的人生經驗是無法看見全貌的。只有當你回顧時，才會恍然大悟去連結這些過往的轉折點，冥冥之中，你會相信某些價值觀，追隨內心的直覺。

一九八四年，飯店籌設興建時，父親在麗晶、半島與文華這三家酒店集團之中，就選擇麗晶。最主要的原因是創辦人雖是美國人，但麗晶是從夏威夷出發，承襲亞洲文化，既摩登又有底蘊。

國際飯店品牌易主屬常見之事，在我們與麗晶簽約的二十年期間，她先後轉手給四季集團（Four Seasons）、卡爾森集團，即使這樣，我們仍堅持掛名「Regent」，就是想保有這個現代又經典，雙融東西文化的國際品牌基因。不過，我的人生也因此經歷了第一次的國際訴訟與談判攻防戰。

一九九二年，正值我們開幕後第三年，麗晶被當時的北美區域品牌四季飯店收購。主要原因是日本泡沫經濟破滅後，麗晶的大業主日本開發集團EIE破產，出售在亞洲的十大麗晶酒店，以及興建中的紐約、峇里島、清邁、米蘭、伊士坦堡麗晶。

四季買下麗晶是為了建構世界頂級五星品牌，已問世的麗晶酒店根據合約，到期後改名為四季酒店。全新開幕的直接掛上四季招牌，如開創全私人泳池渡假別墅先河的峇里島金巴蘭灣四季渡假酒店、改造十五世紀修道院的米蘭四季酒店、貝聿銘設計的紐約四季酒店，四季的收購立竿見影，從區域性品牌登上世界，一躍成為國際奢華酒店集團。

那時，我們還只是委託麗晶管理經營「Regent Taipei」的業主，由於真心喜愛這個立足亞洲的國際品牌，從飯店籌設之初，就請麗晶主導飯店規劃設計，一九八四年，雙方簽下二十年委託管理經營合約。

本來，麗晶經營的第一年，我們因水土不服做了許多調整，加上麗晶不了解本地市場需求，就想改為品牌加盟，四季收購麗晶剛好給了我們一個能夠重談的機會。因為合約有載明，遇收購這種重大改變可以重啟條件。況且，我們完全不了解四季，若跟著換成北美品牌，也失去選擇亞洲品牌的初衷了。

但，對方怎麼甘願讓金雞母飛走？新的甲方認為「繼承」有效合約，不能更改；我們則主張根據原合約應該重談，寄出終止委任，雙方各執己見。

官司打了快一年，輸贏機率各半，從現實層面考量，對方的收購案會受影響，我們若沒轉換合約條件，日後支出大增。我們的想法是，繼續掛名情有獨鍾的「Regent」，並由委託管理經營轉為加盟，同時降低權利金，把抽成制改為一筆固定金額的授權費。

雙方決定坐下來談。國際合約是一場腦力與體力的接力賽，一路從感恩節、聖誕節談到過年，都是挑燈夜戰。

我記得，最後一次要談定授權金。他們提出一千萬美金，可分年繳交，我們一聽這數字，當場不同意，離席抗議，大家只好隔日再談。這也是一種探測對方底價的談判策略。

那晚，團隊繼續沙盤推演雙方都能接受的數字。

「他們的底線應該是九百七十萬美元。」陳由豪董事長猜測，雙方都談了這麼久，再殺價的空間有限。

隔天一坐下來，我們開門見山：「你們是不是同意九百七十萬美元？」他們大驚失色，以為被監聽。坦白說，預測這檔事，多少有點運氣成分，但情勢分析不可少，才可能趨於精準。這場國際談判，我們得到想要的結果，由委託管理經營轉為加盟，並成功改為固定金額的品牌授權費，相當於原合約的七折。不打不相識，跟我談判的麗晶北美代表也變成朋友，之後他成為四季集團亞太區總裁。

四季本來就沒有想經營「Regent」品牌，完成上市目標之後，一九九八年再把品牌和未來新飯店的權利賣給全美最大旅遊集團卡爾森。這次的情況就比較簡單，因為還在合約期限內，我們繼續掛名麗晶。

潘思亮在2000年與 Regent 品牌續約時，和當時品牌擁有者國際四季酒店的大中華代表、同時也是台北晶華總經理的杜尚平（Dosse）合影。

破局思維

真正的挑戰是二〇〇八年，我要為兩年後到期的合約作準備。

因為關係到未來的二十年，我在二〇〇七年預先設想了幾個選擇：第一，像其他的麗晶飯店一樣改掛四季；第二，跟卡爾森集團重新簽下麗晶的品牌約；第三個選擇是推出新的飯店品牌。

二〇〇八年，世界發生金融海嘯，要選哪條路？

我常跟同仁說，沒有危機，我根本不用來上班。企業最害怕的是規模成長後，組織開始老化，危機可以視作喚醒組織創造力的能量。我喜歡學習，好的、壞的都能學習，危機裡學到的更真實。就像二〇〇三年的SARS危機，帶我們走進館外餐廳的經營；二〇〇八年的金融危機，我們決定自創飯店品牌。

過程中，我跟王榮薇（晶華集團董事）有許多的討論，更確信自己想做的不只是飯店業，還是文化風格品牌。

麗晶的東西文化雙融一直是晶華的重要基因，也是我思考自創品牌的出發點。東西方文化的交流就是絲路，時代背景又是氣度恢宏的漢唐盛世，代表東西方文明互通以及絡繹不絕的商旅往來，心想或許絲路是個好名字。而，現代的飯店不正是古時客棧？客棧主人若到現代就是飯店經營者，命名絲路亦有穿梭東西古今的美妙意境。

由於「Silk」很多人註冊，我們就加上了「s」，命名為「Silks Place」，複數意味更多交流，而且 silk 也是絲綢，外國人很容易聯想中華文化，「Place」代表低調奢華的場所。絲路精神更能通透實踐集團的使命——把世界最好帶給台灣，把台灣最好帶給世界，在此「思路」下，創辦了Silks，品牌中文名為「晶英」，鎖定文化五星。

那一年，政府開放陸客來台，我們也看到商機，想做一個有個性但價格平易近人的社區精品飯店，這個品牌在舒適與基本功能俱全的條件下，空間減半，把價格回饋給消費者，提供三星價格、四星設備、五星服務的聰明消費，以及成為區域風格地標（Smart、Service、Stylish），我們取了一個簡單明瞭能傳達品牌定位的名字——Just Sleep，中文名就直接音譯為「捷絲旅」，好記又好聽。不過，空間雖然減少，但也少不了餐廳、飲料點心吧、休憩空間、健身房等。

二〇〇九年，因金融風暴的影響，全球經濟低迷，我們還是依照規劃開出這兩個品牌的第一家飯店——宜蘭的蘭城晶英與台北西門町的捷絲旅西門館。在我的想法裡，不景氣，愈要投資未來。

萬萬沒想到，二〇〇九年的險峻時局，給了我一個破局的機會，完全解決麗晶品牌授權到期的所有問題。

破局再造局

全美國因金融海嘯受傷慘重，頂級消費市場影響甚巨，五星級飯店成了燙手山芋，〇九年，手頭有五星級飯店的企業紛紛出售，卡爾森集團也決定賣掉麗晶，委託投資銀行找了世界前十大飯店集團，以及當時全球麗晶的十位業主（收購細節見第一部）。

我原先的算法很簡單，每年要付給四季或麗晶的權利金皆高過向銀行借款購買麗晶的年利息，而且，若能從卡爾森集團手中買下全球麗晶品牌權，晶華得以「名正言順」傳承麗晶。

事後，出乎意料的，我們也沒有付出太多利息，第一年跟兆豐銀行借款，次年就發行可轉換公司債（到期可轉成股票）。可轉債對於企業的好處是減少利息費用的支出，又能增加股權融資，降低負債率，但這需要投資人對企業有信心。

二〇一〇年，我們成為第一個擁有國際頂級酒店品牌的台灣飯店集團。如今回想，在晶華二〇一〇年買下麗晶品牌權之前，我們曾是委託管理經營的業主，再變成加盟主，最後有幸成為麗晶品牌權的新東家，走上自創品牌之路有點像是水到渠成。

2008年潘思亮自創飯店品牌，除了有定位文化五星的「晶英」，也有社區精品飯店「捷絲旅」。三重捷絲旅讓紐約 SOHO 工業風與三重在地木工廠建築相遇，開幕首月即達損益平衡，創下集團最快紀錄。

把世界最好帶給在地，把在地最好帶給世界

重新連結
Reconnect
Global, yet local
全球在地

提煉
Refine
Simple, yet elegant
簡約優雅

放鬆
Relax
Luxurious, yet understated
低調奢華

重新詮釋
Reinterpret
Cultured, yet innovative
人文創新

場所的風格精神

重新發現
Rediscover
Modern, yet timeless
現代雋永

再設計
Redesign
Stylish, yet comfortable
時尚舒適

晶華
品牌的十二個關鍵思考

真實
Real
Authentic, yet distinctive
道地獨特

重新定義
Redefine
Bespoke, yet familiar
客製熟悉

與在地文化共創

保留
Reserve
Quiet, yet confident
安靜而有自信

尊重
Respect
Dignified, yet efficient
尊嚴而有效率

辨識出
Recognize
Attentive, yet discreet
真心款待卻不冒昧

換位思考
Reciprocate
Intuitive, yet insightful
直覺式洞察

將心比心的款待之道

圖5　晶華品牌 DNA

並作同歸的融合之道

我在收購全球麗晶品牌前後，寫下了晶華的品牌精義（Regent Essence，見168頁），共有十二個成對組合的關鍵思考。每組由兩個不同甚或相反性質的元素並作運行，這有點像太極陰陽的概念，看似兩個極端的抽象聯想，其實同歸一處，將之融合，刻劃出晶華的品牌DNA（圖5）。

比如，全球與在地、安靜與自信，加上英文的「YET」，中文裡的「且」、「又」之意，意思是要兼備兩者的特質，自信的人多半氣勢外顯，但我們要的安靜而有自信的曖曖內含光。晶華是全球品牌，又要很在地，懂得接地氣，融入所在文化，成為一種有機的地方創生，白話來說，高度是全球，但要長出地方的深度。

這也使我們能夠跳脫二元對立框架，不會陷入非此即彼的狹隘心態，也因為要找到並作同歸的融合方法，思考必須擴大格局，想辦法超越傳統與創新的矛盾，形成魚與熊掌兼得的提案。最重要的是，能讓集團旗下所有品牌抓到了「說一個好故事」的節奏感，異中求同，傳遞出晶華的品牌意涵。

如前頁圖5，第一個面向是集團的使命，也是我們的品牌承諾——把世界最好帶給在地，把在地最好帶給世界，並透過重新連結（Reconnect）、提煉（Refine）與重新詮釋（Reinterpret）的經營思路，進行全球又在地（Global yet local）、簡單且優雅（Simple yet elegant）、人文又創新（Cultured yet innovative）的創作實踐，並傳達出一種低調又奢華（Luxurious yet understated）的放鬆（Relax）氛圍。

以前，只有台北晶華時，我們是講把世界最好帶給「台灣」，把台灣最好帶給世界，有了晶英系列、捷絲旅這些品牌，大家的使命同中求異，晶英是面向城市，所以是把世界最好帶給「城市」，把城市最好帶給世界；捷絲旅傳遞街廓文化，因而是把世界最好帶給「聚落」，把聚落最好帶給世界。

在創立晶英、捷絲旅的每一家飯店，還有溫泉文化的晶泉手旅，以及疫情期間，與東森集團合作的「SILKS X」晶英薈旅時，我們都會自問：

這家飯店如何連結全球與在地的精采？

像蘭城晶英、礁溪晶泉手旅、捷絲旅礁溪館就是把世界最好的帶進宜蘭，把宜蘭最好的呈現世界，讓全世界看到宜蘭的美好。

這家飯店如何呈現簡單且優雅的感受？

舉例來說，我個人會特別關注空間裡的光，光線像一個自然的刻鐘，不同時間可以勾勒出不同的空間樣貌。我們會盡量挑高大廳，白天引進大片日光，夜晚則運用間接光源，讓行走其中的人成為空間的主角。燈光不只是讓空間好看，更是一種將心比心的劇場敘事，凸顯不同情境下的主角。

這家飯店如何傳達低調又奢華的氛圍？

晶英的品牌定位為文化奢華、精緻頂級的城市首選五星級飯店，要成為當地生活品味的標竿，建築與室內設計融入當地特色，讓每一個晶英都獨一無二。以台南晶英為例，因鄰近孔廟，把台南儒風化為意象，運用閩式建築的特色轉譯成低調奢華的文化講究與款待心意。

我的母親是台南人，因而我對台南有份情感，當初要開台南晶英時，我定位它是「Modern Tainan（摩登台南）」的人文飯店新典範，所以處處可見經典新生的設計，入口對稱的頂天立地窗櫺概念取自孔廟的正心窗櫺，我們在大廳重現台南往日興盛的瓦窯產業，以赤磚紅瓦堆疊而成裝置藝術。人文氛圍不能只展現於具體意象上，還要完全融入顧客體驗裡，大廳還有一處書苑，可供住客閱讀、休憩的獨立場域，也呼應全台首學的古都府城，書香是這座城市生活一部分，很多飯店會把這樣的空間用於午茶餐廳，而我們選擇做書院，心靈奢華不言而喻。

這家飯店如何兼顧人文又創新的思維？

像捷絲旅定位為平價設計型旅館，相較五星級飯店，硬體資源雖有限，卻淋漓盡致發揮創意與款待的軟實力，例如培訓每位員工都有能創造「Wow」驚喜的第二專長與才藝，像是學會彈烏克麗麗、折造型氣球、造型毛巾。我有位朋友跟我分享，他有次去住捷絲旅，聽到有人按門鈴，打開門後，我們的同仁彈烏克麗麗幫他慶生，因為入住登記時有看到他是今天生日。

讓東西文化邂逅

第二個面向是場所的風格精神。風格精神是場所的靈魂，不能流於形式美學，要從變化中探尋美，而非形式，基於這樣的設計思想，晶華旗下的飯店每到一處，從未嘗試要支配自然，而是試著與自然共生，這有點接近日本的禪藝術。

我們的設計以全球與在地的連結為本，尋找靈感，重新發現（Rediscover）現代且雋永（Modern yet timeless）的元素，就像台北晶華，三十年後來看，建築空間依然經典。集團的每間飯店也會善用圖騰、格柵與窗櫺展現當代精神與在地文化意象。

在時尚又舒適（Stylish yet comfortable）的原則下，淬鍊與再設計

（Redesign），並不斷摸索嘗試，傳達出晶華的美學意識與價值觀，以及保留（Reserve）安靜而有自信（Quiet yet confident）的氛圍。

「Reserve」這個單字挺有意境，保留是服務現場的預訂位，「空」的空間也像是一種心靈留白，為客人留一方天地的心意。簡單形容，就是創造心靈的停駐感。

以晶華軒為例，入口處面向樓梯的那面櫥窗，是整牆白幕，透過置中的一盞檯燈展現留白。更多時刻，光影其實比實物更能展現美，既有空的禪意，又有美的詩意。

進入晶華軒後，會經過一道以玻璃雕刻書法、佐以燈光造景而成的長廊，打造出停駐感，在光影變化下，長型玻璃上的書法文字有種漂浮半空的摩登感，每隔幾步就有光影玻璃，把書法變成行走之間，躍然於眼前的藝術。

晶華軒是空間設計大師橋本夕紀夫（Hashimoto Yukio）操刀設計。當初，尋找改裝的設計師時，我們找過歐美與台灣的設計師，發現台灣的太尊重書法，不敢玩開來；歐美設計師不懂中文，又放太開，天馬行空的有些突兀，反倒是橋本夕紀夫，日本人懂漢字，又不會被框住，創造了一個書法的幻境，可以使人感受到書法無所不在。它不是傳統的白紙黑字，而是在玻璃、珪藻牆、印章、鏡面等各種媒材上，完全符合我們的品牌DNA。

再以台北晶華酒店前的大斜坡為例，從坪效來看，浪費了一整層樓，但我們為了要有城市休閒感受，規劃比照香港麗晶，從大馬路退縮，自創鬧中取靜的「市」外桃花源，前方更讓出一個小公園，營造出停駐感。

絕大多數飯店都是在街道下車，台北晶華是讓你開上來，慢慢遠離塵囂，距離產生美感，我們要的是那種抵達的感覺（sense of arrival）。光是門僮（doorman）為客人開車門就有學問，若是私家車，就要立即迎上，若是計程車就要稍待，不要在客人還在付款時急忙開車門，我們希望客人來到晶華能感到從容。

我聽國際名導盧貝松（Luc Besson）分享，當年拍「露西」（Lucy）時想要來亞洲取景，他曾因「第五元素」（The Fifth Element）來台宣傳住過晶華，時隔多年，忘了是哪間飯店，於是問楊紫瓊：「有家飯店是要開車上去，是哪一家？」楊紫瓊說：「那是 Regent Taipei 啊！」盧貝松就決定來台取景，我們剛好整修大廳，也為了這部電影的取景再封閉一個多星期，劇組還挑了十多位晶華同仁當臨時演員。

對西方人而言，這是「抵達」的感受，對東方人來說，是「留白」，這也算是一種中西文化的邂逅。留白或抵達的感受會產生一種款待的文化，使人倍感尊榮，這也是第三個面向的將心比心款待之道。

我們尊重（Respect）每位客人的個體性，以尊嚴而有效率（Dignified yet efficient）的態度，辨識出（Recognize）客人與其需求，提供真心殷勤卻不冒昧的款待（Attentive yet discreet）。

服務跟款待之間的差別在於，服務只是一個公式，款待則希望賓至如歸，期盼能創造客人的美好記憶，其核心精神就是換位思考（Reciprocate），以直覺式洞察（Intuitive yet insightful）做到將心比心，待人如己。

晶華有許多將心比心的款待故事，其中比較特別的是，過去常會接待到專門來台尋根的日本客人，他們大部分是高齡者。在人生地不熟的台灣，同仁會盡可能協助客人圓夢，像是事先幫忙確認現址，若是在外縣市，協助連絡鄉鎮公所的窗口，若有需要，也會幫忙預訂與規劃交通路線。

客房部同仁曾分享一位居住美國多年的百歲奶奶，最後的人生心願是回台灣看一看。她在回台前，收到病危通知，憑著意志力撐過病痛，抵達台北晶華時，還戴著氧氣，需要由女兒攙扶。我們的同仁在跟女兒的往來信件中得知奶奶出生地在嘉義，特意去張羅嘉義特產作為客房的迎賓小點，讓奶奶第一時間品嘗日思夜想的家鄉味，從到晶華那一刻，就已經回家。

當然，不用等客人交代，洗手間早安置好止滑備品，退房那一天，還做了令奶奶與她的家人感動不已的舉動。同仁找到奶奶出生那年的嘉義市區圖檔，把它沖洗成相片並放入相框，再附上團隊的祝福小卡，作為送別小禮，這位百歲奶奶眼泛淚光直道謝。團隊都相信，回去後，奶奶最後的人生時光有著家鄉給她的溫暖。

地表最強的親子渡假酒店——蘭城晶英。因業主觀察自己小孩愛玩車，將心比心打造全台最成功的 family car hotel，透過晶華餐飲引擎開啟的烤鴨革命也大獲成功。

說實話，要達到待人如己的款待很難只用ＳＯＰ就能完成，晶華還有ＳＯＣ（check point），但最根本在於領導者與帶領主管的身教與言教，如同小孩會模仿大人的行為舉止，新同事看到資深同仁怎麼做，就會受到感染。我們信任也授權第一線員工，他們是最能實際感受到客人需求。晶華在將心比心的款待文化扎根了二十年，今後也會持續精進。

從觀光經濟到粉絲經濟

第四個面向是與在地文化共創，實則是延續第三面向的款待之心，關注飯店之外的文化場域，找出在地魅力，提供旅人體驗、探索與在地交流的機會，傳遞共學、共好的旅遊新意義。這也是晶華旗下各品牌事業的志業。

為什麼我們把這視為志業呢？首先，飯店所處的觀光旅遊業是最能深耕在地的農漁商經濟，並提供許多中小企業、個體戶就業機會，因而本質上就是能與地方共好的產業。

比方，晶華的海鮮與牛肉叫貨量是全台數一數二，從二〇〇四年就跟台東漁港合作，現捕漁獲直送央廚，我們是整艘船收下來，供往集團旗下各餐廳，每年來晶華客座的主廚都很驚豔。由於每天捕獲魚種不同，就鎖定在固定價格，保障漁民收入，也便於採購掌控成本。

其次，我們期許自己在每個所在地都是文化的傳遞者，如此才能完美實踐晶華集團的使命，如果沒有第四面向的深耕，便無法完成第一面向的全球連結在地。

為了能與在地文化共創，晶華人要用敏銳直覺、深刻洞察力去挖掘地方文化，並融合特色元素，以現代素材進行設計，打造真實（Real）的道地又獨特（Authentic yet distinctive）生活風格體驗，但不能天馬行空，而是要在客製化與熟悉感之間（Bespoke yet familiar）重新定義（Redefine），並以人文創新兼具的角度重新詮釋，賦予經典新生。

我們在思考全球又在地的議題時，比較像是要拍一部全球都喜歡的影集，雖然是全球化市場，卻要深入所在之處的文化，找出全世界的共通語言，卻依然保有在地特色，如此也不會因為在地特色，使其他國家的人覺得陌生而無法接受。

我舉個例子，坐落在礁溪的晶泉丰旅，在她問世之前，已有礁溪老爺，晶泉丰旅基地旁邊是捷絲旅礁溪館，當這棟建築物釋出，我們覺得這是個不錯的機會，可以做一家位於捷絲旅礁溪館與礁溪老爺價位之間的精品溫泉飯店。

泡湯在礁溪是很受歡迎的渡假行程，晶泉丰旅要怎麼呈現出獨特泡湯語彙？我聯想到，像我太太這樣的外國人，非常注重個人隱私，不會想去大眾裸湯，我們重新定義泡湯文化，創作一家隱世氛圍的新日式溫泉飯店，在客房內就有高級質感的溢泉池，能夠享受靜謐時光與輕鬆的泡湯儀式。頂樓也有眺望龜山島的無邊際溫泉游泳池、泡湯池與按摩池。

在品牌與在地文化共創的概念下，晶泉丰旅跨界藝術與文學，成為傳遞宜蘭美好的文化平台。客房的主牆是台灣陶藝家的手燒陶片，館內藝術是駐村藝術家作品，員工制服是宜蘭在地藍染，開幕時更集結詩人陳黎、編曲家黃康寧、畫家吳衍震，以蘭陽八景為創作主題，推出詩選文本。而且，整年都有駐村藝術家，進行宜蘭的創作，住客也能在固定時段，在二樓大廳與藝術家互動。另一方面，規劃一系列探訪蘭陽祕徑的小旅行，帶領大家體驗蘭陽平原。

集團與在地文化共創的最早案例是太魯閣晶英，有許多美學與款待服務連結在地元素做法，如半日遊與一日遊的體驗在地之旅、星空電影院、當地食材入菜、在地藝術文化入館等，都是由此啟程。

太魯閣晶英原是虧損十多年的天祥晶華，二〇〇九年，我們以十二組風格DNA重新定義，改名與改造，二〇一〇年重新開幕。

疫情前，太魯閣晶英的外國客占了三、四成以上，他們常是待上一週，甚或更久。現在的太魯閣晶英，旅人不只是為了秀麗峽谷景致而訪，而是療癒身心的充電之地，不少住客是定期來訪的粉絲，像是二〇二二年，來了一位新員工「太妹（太魯閣的妹妹）」，她其實是館內領養的流浪犬，很快就在社群媒體上，吸引許多粉絲留言互動。我會在下一章詳述我們是如何以願景翻轉劣勢，轉虧為盈，進而成為旅人心中最愛造訪飯店之一。

未來的飯店已經不只是觀光經濟，而是創造忠實顧客的粉絲經濟。

至二〇二二年二月，集團在全台共有十五家飯店，近兩千五百間房，若加上籌備中的飯店，位於新北投、林口等地，分屬晶英、晶泉丰旅、捷絲旅品牌，二〇二五年前，將突破二十家，客房間數也達到三千。

由在地品牌走向全球也是我們的另一個重要目標，集團營運長顧嘉慧已著手將晶英、捷絲旅拓展到美國、日本等海外市場。

但，無論何時何地，這十二組DNA都會是晶華旗下品牌的經營思路，持續融合與跨界，成為東西方文化的橋梁以及世界與在地的引領者，也是我們在擴展、創新過程裡，始終追尋的核心價值。

1 基於建立自品牌的理念，一九九四年，台北麗晶更名為台北晶華，公司名稱從「中安觀光企業股份有限公司」變更為「晶華國際酒店股份有限公司」，有了自有品牌後，陸續在花蓮、高雄、台中設立飯店，一九九八年三月九日，晶華的股票正式上市掛牌。

2 二〇〇〇年，潘思高全權接手晶華集團，留下天祥晶華（二〇〇九年更名為太魯閣晶英），台中與高雄的晶華酒店則納入東帝士集團，改名為金典酒店。因東帝士集團爆發財務問題，旗下台中金典酒店被銀行拍賣，二〇〇七年被日華資產管理公司收購，曾改名為台中日華金典酒店，後再改回台中金典酒店。位於高雄85大樓的高雄金典酒店也幾經易主。

為晶華開創未來的概念導師：奧力士（Ralf Ohletz）

在晶華以融合與跨界的風格DNA擴展事業版圖的過程中，前麗晶國際酒店集團總裁奧力士功不可沒，他為集團開創出第二曲線——飯店豪宅綜合體開發的新商業模式。我與他認識是因為日月潭涵碧樓，負責擘劃涵碧樓的澳洲建築大師凱瑞．希爾（Kerry Hill）也是安縵酒店的御用設計師。奇妙的是，我們有不少交集，因而成了朋友，奧力士只要有來台灣，都會找我吃飯聊天。二〇一〇年，我買下麗晶後，邀請他出任麗晶國際酒店集團總裁。

其實是我的運氣好，恰巧奧力士工作近三十年的GHM精品酒店管理集團換老闆，不然他可能不會想要換一個新舞台。奧力士的全名是「Ralf Ohletz Count von Plettenberg」，後面的三個字是指受封德國Plettenberg領地的伯爵。德國貴族後裔的他自然有著超凡品味，在來晶華之前，代表作有享譽國際的邁阿密The Setai、峇里島與蘭卡威的The Datai、安縵集團首間渡假村的普吉島Amanpuri。他是一個「Concept」的美學家，都是跟全球頂級的建築師、藝術家、設計師一起工作。他也是位古董收藏家，喜歡去法國二手市場挑選獨特的老東西，他會運用在飯店陳設裡。奧力士在亞洲工作與生活超過三、四十年，在我心目中，他就是「Modern yet timeless」最佳典範，更是我在飯店設計領域的思想導師。

也因為GHM精品酒店管理集團是麗晶創始人之一、安縵創辦人阿德里安・澤查與漢斯・彥尼（Hans Jenni）於一九九二年成立，與麗晶品牌DNA相近，奧力士剛加入麗晶，就跟我形容，雖然之前未曾於麗晶工作過一天，但彷彿像是一輩子都在麗晶工作那般熟悉。他為我們帶來的不只是國際設計的視野，讓集團至今仍受益的是，他把晶華帶進飯店豪宅綜合體開發營運的世界。

台北晶華一直是複合體的存在。我們是亞洲第一個飯店結合精品商場的綜合體，在奧力士的帶領下，集團也在歐洲創下新的「第一」。

那就是二〇一四年問世的黑山港麗晶酒店（Regent Porto Montenegro），不但是歐洲在二〇〇八年金融風暴後的第一家興建且開幕的五星級飯店，更是全歐洲第一家結合五星品牌的飯店豪宅開發項目。而且，從第一期的八十八個房間到現在第四期已完售三百房，每平方米銷售溢價百分之十到十五，顯示市場青睞有加。

黑山港麗晶緊鄰可容納兩百五十艘船舶停靠的世界級黑山港遊艇碼頭。業主是當時全球三大首富的金礦大亨彼得．蒙克（Peter Munk）、金融大亨羅斯柴爾德家族（Rothschild Family），以及精品大亨伯納德．阿諾特（Bernard Arnault）組成的房地產開發公司。

能有黑山港的項目也是因為奧力士受邀到歐洲於金融風暴後首次舉行的房地產論壇，擔任大會的主講者，坐在我們旁邊的是黑山港業主，不約而同以綜合性開發為題開講，他是從遊艇碼頭、賭場暨娛樂休閒結合不動產開發的角度切入，奧力士則是從飯店與豪宅綜合性開發來探討品牌飯店的未來。我們當場交換心得，業主本來跟四季集團談了兩年，遲遲無法有共識，那場論壇開啟合作契機，業主更特地來台待了兩星期，與我們深談以及考察台灣的遊艇產業。

2014年，黑山港麗晶開幕剪綵。由左至右分別為黑山共和國總理久卡諾維奇（Dukanovic）、金礦大亨彼得·蒙克（Peter Munk）、潘思亮，以及羅斯柴爾德男爵（Lord Rothschild）

位於宜蘭的晶泉丰旅，在品牌與在地文化共創的概念下，跨界藝術與文學，整年有駐村藝術家，成為傳遞宜蘭美好的文化平台。

高雄的晶英國際行館以業主收藏與創作的藝術品，打造台灣獨一無二的藝術博物館酒店（museum hotel），以「Ocean」為設計理念，運用當代的技術與手法表達港灣的「自然意象」，呈現出科技、前衛、有趣，具在地感受的全新體驗。大廳的4D動力雕塑舞動的粒子全世界只有三座，其他兩座分別位於德國BMW博物館以及新加坡樟宜機場。

每一個晶英的建築與室內設計皆融入當地特色，台南晶英
以鼓代表台南的鼓藝文化，亦有迎賓之意。

台南晶英酒店大廳充滿傳統文化的底蘊，現代而經典，
仿孔廟建築元素的格柵展現了傳統建築設計之美。

第六章

土能量
——創造與觀照的扎根之道

土地是我們的根，無論晶華到了哪裡，
都要定下來，連結全球，扎根在地，
把世界最好帶給在地，
把在地最好帶給世界。

創造要由觀照自然而生

我後來認知到，飯店經營的主角不只是飯店本身。飯店人的工作從來不只是簡單的蓋飯店、開飯店，從籌設興建到營運，除了務實的財務規劃，還要帶著強烈的人文性，關注人與自然、場所的關係，處理的不只是飯店內大小事，還有外部環境、在地經濟、歷史文化的問題。

我讀《老子》時，裡頭提到：「天地之所以能長且久者，以其不自生，故能長生。」這意思是說，天地之所以能夠長久，是因為它沒有封閉與限制自己，把自身開放給萬物。

原本我只覺得有道理，近年愈益有所感悟，映照到企業與人生，就是與自然共生。共生就是創造互生、相互合作的環境，是一種觀照思維——我們本來就是自然的一份子，要像天地那般，不封限自己。

這也是太魯閣晶英酒店的重生思維。她原本是虧損超過十年，住房率整年低於五成的天祥晶華。

1993年天祥晶華開工典禮上，潘思亮（右）與父親潘孝銳（左）的合影。

天祥晶華的前身是接待過各國元首貴賓的天祥招待所，由上海商銀旗下中國旅行社經營。上海商銀榮家跟我們家是三代情誼，父親是台灣上海銀行的第一個客戶，後來也是股東和長年合作夥伴。當年，上海商銀配合國家公園管理處的計畫，要拆掉招待所，重建一家五星級飯店，找我們合作。

我們的想像是，這是台灣唯一在國家公園內的五星級觀光飯店，還有上海商銀與中國旅行社這麼好的合作夥伴，機不可失。雙方在一九九一年共同合資，成立天祥晶華。

在那個年代，蓋飯店的觀念是量體要大，天祥晶華共有兩百多間客房，因基地位於太魯閣國家公園內，建築要符合的法規與送審項目更為繁雜，工程車也只能在夜間進出，耗時四年才完工，一九九七年正式開幕。

事後來看，無論在市場行銷與永續經營層面，山區並不適合兩百多間客房的飯店。一是山區遇上如颱風、豪雨等天災，道路易中斷，加上房間數過多，為了衝業績，什麼客群都想抓，想做五星級，又為了提高住房率，衝刺團體客，也接待救國團營隊，後來也做員工短期宿舍，平均房價才兩千多元，很難損益平衡。

第二，名字是天祥晶華「渡假」酒店，但外觀與氛圍沒有渡假感，只是把一個城市飯店搬到國家公園裡，用都會思維規劃多間餐廳與許多室內活動，九〇年代還有KTV、保齡球館、打牌室，但客人來渡假，是來享受太魯閣的自然環境，也因為定位錯誤，住房率十多年都不見起色。

我們參考安縵渡假村概念，安縵本來就有麗晶的基因，還青出於藍（見第一章），以自創的「晶英」品牌重新定位，二〇〇九年，天祥晶華改名為太魯閣晶英。改名也是一種放大格局的思考——我們不只在天祥，而是整個太魯閣的天地，若要在這個世界級峽谷奇觀裡[1]，打造一家真正的渡假型酒店，就要懂得創造要由觀照自然而生。

在國家公園裡的太魯閣晶英，最鮮活的表情是鬼斧神工的峽谷、如詩如畫的山嵐、潺潺流水的立霧溪、四季晨昏的步道、成群遊晃的獼猴、寂靜深夜的星空……，我們要的是，在這裡，人會放鬆下來，想跟自然交流，開始心靈對話。

因而，集團投入三億元，從建築外觀、公共空間到所有房型、軟硬體設施全部重新定義與升級，以現代美學對應在地景觀特色，設計引進大量的自然元素，日光、山水、木石，將峽谷景致的重要元素帶入室內，能借景就將落地窗做到極致，無景的就以引喻連結，把當季風情、此時此刻，體現於空間之中，呈現低調奢華的放鬆感、優雅舒適的款待感。

客房也減至一百六十間，這樣的思考是讓商業與環境保護並存，特別是位處珍貴生態的國家公園裡。

飯店有一百一十四間為休閒客房，約十二坪大小。頂樓為晶英行館，呈現「飯店中的飯店」，訂價為客房的兩倍，共有四十六間，把原來兩間打通為一間約二十二坪的頂級套房，也像台北晶華的大班樓層，有專屬交誼廳。

2009年，天祥晶華改名為太魯閣晶英，從建築外觀、公共空間到所有房型、軟硬體設施全部重新定義與升級，以現代美學對應在地景觀特色。（圖為頂樓泳池畔電影區與峽谷景色互相輝映）

通常轉型會比開一家新飯店困難，因為得花更多心力，扭轉舊印象。的確，太魯閣晶英在二〇一〇年重新開幕，初期受到過去包袱的影響，光是要從天祥晶華時期的兩千多元，提高到客房每晚三千元，就走了好長一段辛苦期。

在行銷上，頭幾年是體驗策略，開拓多元銷售管道，也是集團第一個上電視購物平台的住房專案，同時讓利給旅行社，讓合作夥伴更樂意行銷的套裝行程，目的就是希望觸及更多顧客群來體驗全新的太魯閣晶英，能有創造好口碑的機會。

另一方面，以創意解決無法吸引人來的問題。以前，客人反映來太魯閣是「好山、好水、好無聊」，不如住在市區，晚上還能逛夜市。太魯閣晶英的首要之務就是要讓旅人待得住，心更留得住，覺得不虛此行。

劣勢轉優勢，打造回家儀式感

由於位處中橫的天祥，離花蓮火車站與機場的車程需約一小時，唯一聯外道路是台八線的中橫公路。我們把先天劣勢轉化成獨特優勢，創造「回到山上的家」的儀式感，款待精神從訂房、接駁車就開始，讓回家成為一種期待。

為了能夠有「好山、好水、好精采」，連結在地，成為道地又獨特，兼具人文創新的文化風格平台，並成立娛樂部，要讓人意猶未盡，想一來再來。

上山後，提供多樣化體驗，規劃了生態旅遊、生活風格等課程，也把活動場地延伸到戶外，頂樓的游泳池、火盆區、中庭廣場都能是舞台，在太平洋的風下，把綠意群山、藍天星空變成獨一無二的最美布幕。

想待在飯店，館內有能遙望峽谷的沐蘭SPA、瑜伽教室、健身房，以及戶外與室內泳池、岩盤浴、娛樂館、網球場，還有親子互動、手工藝課程，或是晨起漫步飯店旁的祥雲寺、天主堂。想探索太魯閣，可參加一日遊、半日遊、步道健行，更請國家公園管理處的老師、在地達人來上課，培訓同仁成為故事員、雙語導覽員，引領大家體驗在地生活與欣賞原民文化。

峽谷也有夜生活，每晚的峽谷星空電影院、歡樂精采的原民互動式表演，以及深夜食堂的暖心宵夜，把過去大家口中的無聊夜晚，變得別有滋味，且是峽谷限定。每逢節日慶典，更會有別出心裁的主題活動，我自己度過最有年味的春節，就在太魯閣晶英。

無敵的生態美景加上豐富體驗行程，二〇一二年開始，房價逐年上調，也把每年的調漲收益回饋給客人，提供更好的服務與空間設備，形成獲利的良性循環。客房平均房價從一泊二食的三千九百九十九元、四千九百九十九元，到了二〇一六年的七千多元，再一路成長到二〇二二年的破萬元，行館房型達兩萬多元，是集團旗下平均房價最高，但也是最多人反映「訂不到房」的飯店。

這一路以來的蛻變有如麻雀變鳳凰。

這幾年，我接到親朋好友問能不能幫忙訂到太魯閣晶英時，都只能跟他們說要等，因為住房專案一開賣，往往就秒殺。

永續思維的萌芽

一張地圖雖不能讓我們踏上旅程，但可以為我們指引方向。

太魯閣晶英能夠從十二年前的千元平價到破萬元頂級飯店，轉虧為盈的背後，不只財務報表上的數字，也是經營思維上的演進。

二〇二一年，我受邀一場談永續觀光的論壇，準備資料時，對照聯合國永續發展十七項目標（Sustainable Development Goals, SDGs[2]），發現集團早已經落實不少細項。我們也在二〇一四年就成立企業社會責任委員會，由我擔任總召集人，財務長為副總召，跨部門組成公司治理、環境永續、人資社會、食品安全、供應鏈管理、公共關係等六個小組。

回想起來，永續種子從改造太魯閣晶英後，開始萌芽。在峽谷裡，經歷的挑戰比一般飯店更高，颱風、地震、豪雨都可能使中橫公路沿線坍方或封閉，飯店因而得閉館，所以特別能感受順應自然，學習天地人的共好，落實永續觀光之必要性。這也帶領我們找到更深層款待意義，對象不僅是旅人，還有自然環境——以一種共榮形式和世界交流。

例如，太魯閣晶英因為位於國家公園裡，重視生態環境遊憩承載量，多年來主動降載住房率，即使訂房爆量，仍然堅持八成，盡一份企業社會責任，恰巧呼應 SDGs 的永續城鄉、保育生態目標。二〇一八年二月花蓮大地震後，旅遊市場瞬間蕭條，太魯閣晶英以實際行動讓外界知道山區並沒有受到地震的影響，並邀請在地民宿「山月村」聯賣住房，由晶英統一負責行政事務，讓整個山區旅遊業，包含周邊小吃、特產店，共度難關。

天災導致閉館或住房率瞬間銳減的行銷應對經驗，疫情時也分享給台北晶華，像是與集團姐妹飯店推出「雙城記」住房聯賣，以及台北晶華轉型為城市渡假飯店過程，太魯閣晶英分享許多實務做法，促成跨飯店的共學。

另一方面，使用在地食材入菜，促進地方農漁業經濟；館內聘用原住民，超過一半的同仁是當地人，也致力推廣原民音樂與文化，規定演出者必須是原住民，歌單有七成五原民歌曲，其餘可以是自創、原民歌手作品，以上的這些跟 SDGs 裡期待達到的責任消費與生產、提供合適工作與經濟成長目標相關。其實，集團很早就推動認證產品與永續採購，旗下各飯店營運所需的農漁、蔬果等食材、物料落實在地採購，有些直接與農會或產銷班合作，支持在地經濟的同時，也減少碳足跡。

與在地文化永續發展

不僅是太魯閣晶英，在之後開出的台南晶英、捷絲旅、晶泉丰旅等姐妹飯店，都能見到建築空間重視與環境共生、人與場所共鳴，以及關注在地文化的用心。我們常接到捷絲旅（Just Sleep）的客人回饋「more than just sleep」心得，因為每間的捷絲旅都是以在地文化資產為發想。

比方，高雄中正館臨近衛武營國家藝術文化中心，以音樂風格為設計主軸；台北西門町館結合塗鴉牆，呈現街頭文化，大廳有一張西門商圈大地圖，提供免費的西門町導覽；台北林森館位在條通文化，融入萬花筒、霓虹燈等意象。台大館走學院風，客房牆面設計成黑板，有趣的是，曾有位入住的教授還幫忙訂正黑板上的微積分算式。二〇二一年開幕的台南十鼓館，位於日治時代老糖廠改建的文創園區，也是亞洲第一座鼓樂主題的國際藝術村，建築外觀是糖的結晶體，館內也置入糖廠、大鼓元素。

因為客層多為年輕人，每家捷絲旅會精選館內拍照指南的「網美地圖」，主動因應拍照打卡的消費者需求，也形成社群口碑的行銷力量。

2021年開幕的捷絲旅台南十鼓館，位於日治時代老糖廠改建的文創園區，也是亞洲第一座鼓樂主題的國際藝術村，建築外觀是糖的結晶體，館內置入糖廠、大鼓等元素。

觀照是傾聽，創造是對話

我常被人問起晶華的「海派剉冰」是怎麼來的？它是私人包廂或是外燴宴席時才會出現的隱藏版甜品，可供至少十人，也可做到二十人共享。

當年中菜宴席的甜點是芋泥八寶飯，雖然非常好吃，但炎炎夏日，總是想吃能夠消暑的美食。我是高雄人，很愛吃剉冰，剉冰本來就能加上多種餡料，我們就發想出可以讓整桌人一起吃的剉冰。海派，是從上海話來的，遇上台灣剉冰，取名叫「海派剉冰」，作為夏日甜點。

這道台味十足的原創甜品，出自於前宴會廳主廚、綽號白鼻的蔡坤展之手，透明玻璃花盤盛裝的巨無霸剉冰，像座火山，直徑六十公分，高約三十公分，重約七公斤，依當令時節，琳琅滿目鋪滿近二十種配料，如各縣市特色水果、蜜餞、九份芋圓與番薯圓、阿里山愛玉、萬丹紅豆、甲仙芋頭、台中粉圓、三義仙草……，配料占整盤三分之二體積，搭配草莓、百香果、烏梅、黑糖、煉乳與冬瓜蜜等六種祕製佐醬，任君選擇。上桌時，繚繞著白色冰霧，創造視覺與味覺的消暑享受。二〇二一年盛夏，「晶華美食到你家」特別推出四到六人享用的小海派剉冰，大受歡迎。

觀照也是一種保持開放心態的聆聽，海派剉冰也像晶華對於食文化創新的態度——樂於嘗試來自四面八方的創意，與各式精采人事物對話，進行組織內外部的共同創新。相較於科技產業，飯店業創新失敗的代價至少不會那樣巨額，頂多損失投入成本，更能「Think big, start small, fail fast（大處著眼，小處著手，快速失敗）」。

飯店的空間畢竟有限，我們把飯店當作平台，拓展各種可能性。晶華有許多的創新都是市場首發，我們也是最早開始做館外餐飲的五星級飯店集團，也因此接觸到非飯店的消費群，對於日後能接地氣，將心比心掌握各種顧客需求有極大助益。

若要我論至目前為止，晶華最具代表性的館外餐廳，那是二〇〇八年開幕的故宮晶華，她不只是餐廳，而是一個食藝文化平台。

如果說太魯閣晶英讓我們理解到飯店處理的不只是飯店內大小事，還有自然環境與在地經濟，那麼故宮晶華就是對話歷史長河，致敬千年時空，以食藝文化來款待人，讓空間、人文與環境契合。

故宮晶華原是員工餐廳，整棟要重蓋為對外營業的餐飲中心。當初提案概念就是打造國際級食藝文化的觀光景點。建築由姚仁喜，室內是橋本夕紀夫設計，除了故宮晶華，晶華軒與其前身蘭亭、信義誠品泰市場、改裝的ROBIN'S、栢麗廳皆是他在台灣的代表作品。

因為基地位於故宮博物院正館西側，我們希望故宮晶華以現代為意象，融合自然環境與中式古典建築，表達對環境的尊重，以及降低對院區建築群的衝擊，因而，故宮晶華的外觀是輕透的玻璃帷幕，由內透現以宋朝青瓷冰裂紋為設計元素的格柵，白天如一面明鏡，看上去就像一個四方通透水晶盒，觀照山嵐樹景，映照故宮建築；夜幕初下，當室內燈點起，由裡頭透出光，水晶盒變成墨色裡的璀璨發光體。玻璃屋的構想讓建造成本、電費成本都貴三倍，但在考量獲利之餘，人文價值更有其重要性。

我們對故宮晶華的想法是所有創作都要跟故宮相關，從建築到菜色、器皿都要呈現食藝文化。

比如，冰裂紋貫穿空間，從格柵立面、餐桌之間的隔屏到牆面的裝飾紋路；中空挑高大廳矗立兩層樓高的玻璃燈柱，內部柱體源自故宮展示的新石器時代用於祭祀神祇的禮器「玉琮」；用餐區的燈具是仿西周祭祀禮儀的演奏樂器「宗周鐘」，故宮珍藏的〈清明上河圖〉、〈前赤壁賦〉、〈蘭亭序〉、〈唐人宮樂圖〉、宋徽宗〈文會圖〉等，透過壁面襯圖、牆面臨摹、剪紙藝術和磨砂玻璃的現代設計手法，展現出呼應歷史文物的場域藝術。

疫情前，故宮晶華超過百分之五十的客人是世界各地觀光旅客，所以故宮晶華使命是把台灣最好帶給世界，扎根中華飲食文化。館內的概念是古時客棧，一樓是小吃區，二樓是十間以故宮典藏書畫家名號為命名的私人包廂。

2008年開幕的故宮晶華，由日本知名設計師橋本夕紀夫設計，
不僅是餐廳，更是展演食藝文化的平台。

餐桌上更是一道道與故宮珍藏對話的食藝風景，例如，以在地食材製成栩栩如生的故宮國寶翠玉白菜、肉形石，特製的弦紋鼎食器盛裝閩菜之首佛跳牆，皇帝賞玩的多寶格是大江南北甜點集合等，館內也培訓中文、英文、日文的食藝員解說菜色典故。

故宮辦大展，晶華也策展，考究與復刻歷史古菜。其中，故宮晶華總監楊惠曼是很重要的靈魂人物，她勤讀文獻與書籍，為了重建皇帝御膳現場，從四十萬筆奏摺中找線索，過濾六千筆奏摺，再與主廚團隊發想、實驗，結合故宮每年不同的大展主題，推出過康熙御膳、大清盛世宴、十全乾隆御膳、南宋美食大觀、論語宴、大千宴等菜單。前北京故宮院長曾經帶清史專家來故宮晶華用餐，佩服她的學識。

轉用的創造心法

觀照與創造除了可運用於飯店觀照環境經濟、歷史文化後，再對話與創造之外，觀照與創造的價值還能來自不拘泥於常規的「轉用」觀點。

轉用，是思考是否有其他的運用方式，為物品注入新生命，在日本指的轉用也有把舊物品另作新用之意，若衍生到商業世界，轉用觀點也能是一種能跳脫常模，賦予新靈感的創造方法，很多時候，並不一定要從無到有才叫創新。

館外餐廳就是晶華把餐飲優勢「轉用」到飯店之外的場域。

一開始從走出飯店的「空間」想像，進駐百貨商場、開設獨立餐廳，到不拘泥於餐廳這個場所，聚焦集團在食藝文化所積累的軟實力，創造新商機，像是研發冷凍與常溫食品，把五星級美食帶上飛機、郵輪、雙層巴士等。疫情期間，集團能夠快速推出「晶華美食到你家」經典料理熟食、半成品料理包、蔬菜箱、冷藏牛排、壽喜燒等產品，成功進入宅經濟市場，這樣的營運模式對晶華並不陌生，二〇一三年推出的晶華冠軍牛肉麵禮盒起了「領頭羊」的作用。

冠軍牛肉麵的緣起是因為想讓晶華在機場的館外餐廳一炮而紅。機場店不像在飯店內有資源，租金又高昂，顧客用餐時間有限，推出的餐點要符合經營與時間效益，我們就想到台北晶華館內的牛肉麵很受歡迎。在晶華裡，有兩間餐廳的牛肉麵特別好吃，主打美國牛的一樓中庭餐廳「azie」，以及二十一樓、會員制的蘭亭清燉牛肉麵，用的是台灣牛。

一手催生晶華冠軍牛肉麵的是台北晶華董事總經理吳偉正，他在二〇〇〇年進入晶華，從基層做起，參與晶華整個餐飲沿革。為了打響名號，他決定報名牛肉麵節比賽。不過，參賽那年的主辦單位指定澳洲牛肉，晶華的中廚團隊剛開始以澳洲牛去做清燉牛肉麵，高湯口感一直無法滿意，後來突發奇想，中西餐在高湯的處理邏輯不相同，請法籍行政主廚用西餐方法調和澳洲牛的味道，意外促成中西主廚的共同創作，最後拿下二〇一二年台北國際牛肉麵節的創意組與清燉組冠軍、紅燒組亞軍。

晶華在餐飲上的轉用觀點不但是自己要走出去，也要把世界級找進來。比如，多年來引進國際客座主廚來台交流，某種程度是做飲食文化的策展人，也像孵化器，讓不少國際品牌成功在台灣落地。

二〇一一年首邀江振誠連續三年客座，開始我們立志將全世界最厲害的台灣子弟帶回台灣的使命，後來成立以美食、創意、交流與體驗為主軸的「Taste Lab」，提供客座名廚在正式開店前可以低風險的試營餐廳，了解市場和客戶需求。李皞（Paul Lee）就是第一位來台北晶華（二〇一七年麗晶精品貴賓之夜）客座，後來在「Taste Lab」試營三個月，才決定在麗晶精品開設米其林一星的「Impromptu by Paul Lee」。

我們發展出一種「先快閃，再開店」模式，紐約精品甜點「Lady M」、北海道粉雪厚鬆餅的「椿 Tsubaki Salon」都從台北晶華快閃店開始，才落地展店。對於這些海外品牌而言，晶華不只是提供飯店空間與硬體，還有行銷公關、後勤管裡、食材採購等支援，讓這些品牌有信心進駐台灣。

提到孵化器，不得不提台北晶華之所以被稱為「全台精品首府」的原因。三十年前，台北晶華獨步亞洲，首創精品商場與飯店結合的模式，像香奈兒（Chanel）、愛馬仕（Hermès）、寶格麗（Bvlgari）、Boucheron、Chaumet、Tiffany、Harry Winston 等國際頂級精品品牌，來台的起家厝就在台北晶華。

真正開始經營麗晶精品（Regent Galleria）是在二〇一〇年，那時因為DFS（Duty Free Shoppers）免稅店要退出台灣市場，我們就想延伸地下一樓的精品名店到地下二樓，打造食衣住行都有的精品街。

有別於其他商場，網羅五十家以上國際一線品牌的麗晶精品整合集團的餐飲、住房、旅遊資源，提供量身定製的貴賓服務，像是購物管家，衍生大班的私人管家服務，管家會依照貴賓的需求，安排獨家鑑賞、品牌導覽、購物優惠、禮品運送等，許多麗晶精品VIP常需要在家宴客，晶華宴席外燴團隊也能到府服務。

麗晶精品在疫情期間，業績成長超過百分之百，居全球之冠，會員人數也增長百分之四十，前十名會員年消費力驚人，將近一億元，前百名會員的年消費額亦達千萬元。許多貴賓因回台避疫，無法出國，消費力轉到麗晶精品，有些大品牌的業績甚至成長一倍。

二〇二二年，雄獅旅遊邀請晶華美食與服務登上台鐵「鳴日號」的鳴日廚房，這是全台首創會移動的美食車廂，我們把米其林星級美食「轉用」為旅行商機。

想像一下，一覽無遺的開闊窗景，在優雅的音樂下，美食呼應行進的景點，飽覽在地景致，也品嘗到當地食材的美饌，餐盤與窗外皆是風景。環島的旅途，也是體驗晶華星級美食之旅，火車到花蓮，太魯閣晶英團隊接手，到台南，由台南晶英團隊支援。

為了餐景合一，團隊緊密計算時間，由集團餐飲開發資深副總經理齊藤力主導，整合宴會事業部、ROBIN'S 牛排屋、內外場服務，組成約二十人的「鳴日號」餐飲管家團隊。台鐵預計過幾年推出寢台列車，屆時，晶華的住宿管家團隊也會登上列車，等於是火車上的晶華酒店。

也是陸海空的移動晶華，二〇一二年晶華牛肉麵飛上了全日空航空（ANA），二〇一八航向遊輪，二〇二一年登上台北觀光巴士，再到二〇二二的台鐵鳴日廚房。飯店可以是任何形式的存在，跟隨人類文明進展持續變化。說不定在未來的某一年，我們可能登上外太空，款待宇宙旅行的旅人。

這也不是不可能，Who knows？

---

1 太魯閣國家公園以壯偉的秀麗峽谷奇觀聞名於世，動植物生態豐富，天祥地區為台灣獼猴熱區。獼猴本能會覓食，並非要主動攻擊人類，太魯閣晶英也會在飯店各明顯處放置告示牌，提醒客人不接觸、不挑釁、食物不外露，也別餵食猴子，讓獼猴保有覓食的能力。

2 聯合國永續發展十七項目標（SDGs），參圖6。

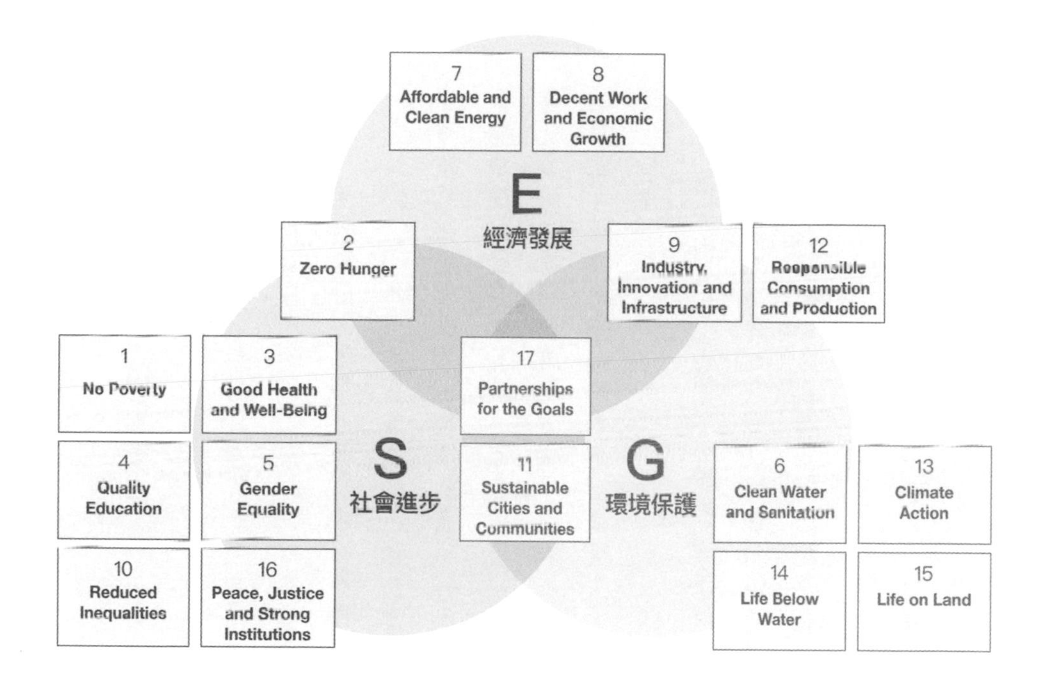

圖6　聯合國永續發展十七項目標（SDGs）

致敬一代宗師：橋本夕紀夫

與我合作二十年的日本設計大師橋本夕紀夫在二〇二二年溘然長逝，他是我心目中的一代宗師，作品多元，如高檔餐廳、東京半島酒店等五星級飯店、傢飾、藝術品設計，個個皆是現代經典。

二〇〇〇年，我買下晶華，自己當老闆的第一個改裝案就是三樓當時粵菜餐廳采風軒（後改為晶華軒）。我的初衷是想打造一間以中文書法連結古今中外的「Modern Chinese Restaurant」，但又要突破傳統書法在空間的表現方式，融入顧客體驗。集團現在的日籍資深副總經理齊藤力就介紹橋本先生來提案，其實他當時已經是東京餐廳的設計大師了。

記得橋本先生第一次帶模型來台灣，我們一拍即合。他的概念是進來餐廳，彷彿進入一個似曾相識的書法世界，沒有裱框，而是無所不在。我欽佩的是他將心比心把文化融入體驗，造就了得獎無數的晶華軒。

橋本先生不但包辦了我們所有餐廳的設計和改裝，另一個代表作就是故宮晶華，建築師是姚仁喜，室內設計是橋本先生。當時，我唯一的要求就是所有設計元素都要與故宮有關，而且一樓與二樓的設計要參考傳統客棧的挑高與廂房概念，第一次看到模型也是美得讓我感動萬分，尤其是中庭玉琮燈柱。從橋本先生的身上，我學會了重新想像（Reimagine）飲食文化，在此，感念這位一代宗師帶給晶華的美學養分。

故宮晶華以「冰裂紋」貫穿整棟建築。白天映照山嵐樹景及故宮；
夜晚搖身一變成為璀璨的水晶盒，發散蘊藏文化光芒。

第七章

火能量——培養發自內心的小老闆們

相較於找對的人上車，晶華更傾向成就更多發自內心的小老闆，進來了，就有機會成為對的人才。

飯店業的管理革命：利潤中心制

一九九一年六月，我二十六歲，回到台灣，一開始是台北晶華酒店副總裁，半年後，董事會才敢讓我接任。

前一任總裁是我哥哥潘思源，他因為大陸生意忙，只在晶華做了一年就回中國。在我的心目中，他是「仙」等級的聰明，智商高達一百四十五，做過記者，辦過媒體，是文人更懂經商[1]，投資房地產，收藏古董，可謂文采（財）過人。我回來的那年，為了搞懂飯店經營，住在飯店裡，曾有一個月沒有離開台北晶華。有半年期間，我哥也在，他很好玩，年輕時是夜貓子，半夜還會去倉庫抽查鮑魚、魚翅存貨。

雖然那時是委託全球麗晶管理經營，但董事會對於總裁還是有很深期許，不只代表業主，也要執行策略任務、開發合作項目、籌備ＩＰＯ等事業布局。

當時董事長陳由豪崇拜台塑集團創辦人王永慶，認為飯店可以和東帝士集團一樣，學習台塑的利潤中心制度，於是，為晶華導入利潤中心制是我上任後的第一個高難度任務。

利潤中心制在傳統產業、製造業實屬正常，但若要實踐到服務業，特別是飯店，可以說是管理上的革命。台北晶華酒店是台灣（應該也是全球）第一個實踐利潤中心制的飯店服務業。

經營制度各有利弊。傳統飯店業有如一艘船，是中央集權，好處是高效率、管理單純，以總經理是船長為核心，雖然因著飯店業的服務特性，強調現場授權，只是難免存在大鍋飯的心態，許多的隱形成本無法精準反映真實的營運績效。相比之下，利潤中心制更為複雜，它是分權（decentralization），把整家飯店切割為一個個的小事業體，更重視賦權（empowerment）。兩種制度差別很大，走向利潤中心制等於是展開一場全面性的組織變革。

以餐飲部門為例，傳統的飯店組織，廚師都是由行政主廚領導，內部報表屬於同部門，若是分割成利潤中心，每家餐廳都有自己的財務報表，就像一家家的獨立餐廳，廚師要向餐廳經理負責。陳由豪從東帝士調派一位工業工程的專家黃本明來協助我，五星級飯店在空間的設置有中央廚房，我們兩人從進廚房的動線開始（我不會做菜，就是觀察），以作業管理方式去計算出每家餐廳使用的時間與成本，才能歸納出合適計價公式與細項，得出每家餐廳的真實績效。

那段導入利潤中心制的日子，應該是我人生中最不受歡迎的歲月了！飯店從總經理到員工，上上下下皆反對。第一個受到衝擊是外國總經理，他說：「這樣我可能很快就要失業了。」因為每個利潤中心的主管就等於是總經理，每個人都是小老闆。

其實，總經理有很多事可以做，除了整合前後台不同部門，最重要的是品質控管（Quality Control, QC），利潤中心制促使讓大家主動控管成本，為避免大家太過在意成本而輕忽品質，維持整體最佳水準的「QC」角色，非總經理莫屬。

當時，只要是能產生營業額的單位，包含洗衣房、花房、健身房等，都切割成一個個的利潤中心，我們把一家飯店分成二十多個利潤中心，也就是有二十多張獨立報表與員工編制，以此計算營運績效與獎金。後來，進階為大、中、小規模的利潤中心，如台北晶華一樓的餐廳併成一個中型利潤中心，館外餐廳泰市場、故宮晶華也是中型利潤中心。客房利潤中心再細分為客房部、商務中心、電訊服務、大班等單位，屬於小型利潤中心。

共享與分享的遊戲規則

製造業執行利潤中心比較能單獨去評價績效，但導入飯店服務業困難的原因是有太多的公共空間與資源，不易直接評價。我們花了很多時間調整出適用於服務業的合理模式。

舉例而言，台北晶華中庭的演奏樂團該如何分攤？是由飯店內所有餐廳共同分擔嗎？聽不到演奏的地下三樓餐廳該不該分擔？大廳、洗手間的公共區域維護費用怎麼計算？

我們定調中庭演奏屬於飯店品牌形象，是客人走進晶華的整體感受，但輔以加權計算各利潤中心的分擔成本，愈近舞台區樓層，加權比重愈高，類似音樂會的分區票價。晶華的大廳類似店面概念，大廳在二樓，最貴的黃金地段當屬二樓，愈往上或往下，分擔比率愈來愈低。洗手間則以來客數計算，位於二樓利潤中心的餐廳有牛排屋、鐵板燒、上庭酒廊，三家就以來客數分攤清潔維護成本，來客數多，使用廁所頻率愈高，分攤費用就會比較多。

總部的後勤部門，如公關部、財務部、人資部也是利潤中心，成本分攤會以營收、坪數占比、員工人數去計算成本，像人資部是服務整個集團，就以各單位的員工數計算。目前台北晶華的利潤中心分為客房利潤中心、一樓利潤中心、二樓利潤中心、晶華軒、宴會廳、三燔本家、冰箱飲料、俱樂部、沐蘭SPA、三燔礁溪、台北園外園、泰市場、誠品信義牛排館、晶泉丰旅、商場部、投資部、義饗食堂、Just Sleep等。集團導入利潤中心後，大家磨合了好幾年，修改無數次版本，即便到現在，仍不斷微調。

飯店執行利潤中心的一大難點在於公共空間與資源。例如，中庭樂團表演屬於品牌形象，是客人走進晶華的整體感受，輔以加權計算各利潤中心的分擔成本，愈靠近舞台區樓層，加權比重愈高。

實行利潤中心制的另一個重點，不只看各單位營收、成本，也要從財務結構面評價營運績效，最後的「bottom line（利潤）」才是重中之重，組織內的隱藏成本也將無所遁形。晶華的禮車部就是一例。

台北晶華是香港麗晶的縮影，香港麗晶用勞斯萊斯接送客人[2]，因此，台北晶華也有禮車部，以加長型凱迪拉克提供接送服務。執行利潤中心後，發現禮車部的使用率不高，而且維護十多部禮車以及編制二十多位的司機（要算輪休），都是一筆為數不小的費用，若它是獨立的利潤中心，會是全年虧損。後來，決定外包給禮車公司，晶華提供四個停車位，要求車子型號、年份、品質，維持麗晶的標準，服務沒有打折，客人也很滿意。

每個利潤中心都有自己的資產負債表，除了營業額，還要能合理控制成本和費用。內部轉撥價（transfer price）更是一門學問。利潤中心制想要成功，除了領導者的決心，合理與公平的遊戲規則也是重要關鍵因素。

各單位都可能是其他單位的買方與賣方，若要運作順暢，拆帳就要夠清楚明瞭。比如，中餐廳訂購中央廚房的甜點，中央廚房是賣方，中餐廳是買方，賣方希望價格愈高愈好，買方想要買的更便宜，此時，甜點的內部轉撥價如何訂價？

經歷過各種測試，最後晶華訂出的內部轉撥價是定錨市場價格，也就是中央廚房的競爭對手是飯店外的餐廳或點心店，要能提供相同，甚或更具競爭力的商品——我們期許晶華的每個利潤中心相比業界的同級，都會是最佳選擇。五星級飯店不能因為要省成本而降低標準，所以目標是做得比競爭者好。當你是賣方時，就要思考如何在預算範圍內，提供對方期待的品質？我們比的是同價位裡的最高品質，或是能比競爭者創造出更高的價值。

而且，要有「親兄弟明算帳」的觀念。像住房送早餐的住房專案就會長期使用轉撥價，客房跟栢麗廳拆帳，也要考慮客房部為自助餐廳帶來客人，在不影響經營成本前提下，協調出合理但可以比定價低的內部轉撥價。

從負責變當責，小老闆文化成形

利潤中心制等於是飯店裡有多家小公司，大家一起做生意，讓內部自成一個商業生態系統，各利潤中心之間的買賣關係，也能讓集團資源最佳化。比方，某個單位接到大訂單，但沒有場地，就可以去跟館內的其他餐廳借用合適場地，再付轉撥費用，雙方也都有收益。

晶華的外燴團隊承接過無數場大小規模不等、包羅萬象的主題活動，在所有五星級飯店中擁有極為豐富經驗，常是香奈兒、愛馬仕等世界頂級精品品牌指定合作的宴席團隊。一場精品活動含括了宴會廳業務部與外場、主廚辦公室、房務、餐務、採購、財務部、藝創部、花藝創作部等多個部門，小老闆們可以在這個生態系統裡，結合內外部的合作夥伴，執行各種大型專案，進行跨部門的創新。

過去是大樹底下好乘涼，利潤中心制後，建立起一個「ownership（所有權）」文化，各部門主管變成小老闆們，從負責（take responsibility）變成當責（take ownership），一些小問題就會自行解決。

當責就是小老闆思維，會提升員工參與意識。對當責者來說，不管位階高低，工作不只是責任，而是施展身手的舞台，充分掌握自己負責的工作內容，主動出擊解決問題。過去等著高層下達指令，現在可以獨立決策，例如看到團隊還沒達到業績目標，就會積極想方設法，評估要做什麼促銷活動。

一旦碰到危機，小老闆們也會主動求生，SARS時，餐廳沒有生意，就做外燴、賣便當；客房沒人住，清潔團隊無事可做，小老闆們想到潛在需求，以飯店的專業清潔設備與人員為號召，推出豪宅深層清潔的到府服務。

台北晶華栢麗廳本來沒有下午茶，也是因為在利潤中心架構下，小老闆們想要有更高獎金，開始思考如何增加坪效與時段，提升營業額。晶華首發自助餐下午茶之後，同業開始跟進，變成飯店的自助餐都有下午茶。栢麗廳從一開始的早午晚三餐到下午茶，有陣子還推出宵夜場的「晚晚餐」，營業時間從早晨到深夜，因而被外界稱為「天下第一廳」，是CNN唯一推薦的台北必吃自助餐廳。

以前最好的餐廳是在五星級飯店裡，現在最好的則是獨立餐廳。我們因為與國際接軌得早，二十年前，就看見很多國外飯店的餐廳最後變成「房客」的餐廳，失去競爭力。利潤中心制為晶華賦予了「飯店裡的獨立餐廳」靈魂，每家餐廳就是一個利潤中心，有自己的報表，能直接跟外部對手比較。

這點的策略思考也是晶華跟其他國際飯店不一樣之處，國際飯店不會提供多家餐廳給本地客，頂多就是兩、三間餐廳，但晶華不把餐飲（Food & Beverage, F&B）當作飯店的附屬品，而是重點發展事業。

台北晶華館內自營餐廳有地下三樓的日式壽喜燒三燔本家、一樓的栢麗廳、現代中西美饌azie；二樓有上庭酒廊、ROBIN'S牛排屋、ROBIN'S法式鐵板燒；三樓有粵式料理的晶華軒，加上二十一樓的滬式料理蘭亭，共八家餐廳。不只有自營，地下一樓與二樓的麗晶精品也邀請精采的主廚與餐廳進駐。

我們的思維是，晶華的餐廳必須是本地市場龍頭，當在本地市場做到第一，變成許多識味饕客的口袋名單，才能夠吸引更多的國際旅客。如同你到國外旅行，也會詢問當地朋友有何推薦餐廳或飯店的道理一樣。

打造能聚焦極重要目標的執行力

我是在晶華落實利潤中心後，才有機會近距離接觸王永慶。他是嘉義人，政府希望他能協助發展阿里山觀光產業，剛好我們有做天祥晶華，王永慶邀請我們一同前往阿里山考察。雖然雙方最後沒有合作，但那一天是我的學習之旅，這位經營之神的話不多，卻句句有分量，我從他身上學到，要成事就要懂得聚焦。

聚焦，也是近幾年我在晶華推動的組織學習目標之一。利潤中心制為晶華打下「使命必達」的行動力體質，但因為晶華人太忙了，連我自己在內，經常把極重要目標往後延，光解決眼前事就占據大部分時間。短期來看，好像只是暫時放掉不那麼急迫的事，但長遠來看，往往與布局未來或是解決隱藏的致命問題相關，企業與個人會像溫水青蛙失去未來競爭力，很多時候並不是不夠努力，而是忘了納進未來。

疫情發生前，我在晶華推動4DX來強化利潤中心賦權（empowerment）的四大修練，第一個修練是「鎖定極重要目標」，第二是「從領先指標下手」，第三是「設置醒目計分板」，最後一個修練是「落實當責」。從我跟高階主管開始學習4DX，再往下推動，疫情期間我們也開了線上4DX課程，供大家選修。

這四個修練為組織帶來改變。當開始有了鎖定極重要目標的觀念，聚焦能發揮槓桿效益的領先指標，真正事半功倍。過去一年推出十個專案，疫情期間，一年推出近八十個專案，員工滿意度與成就感卻提高，因為「使命必達」是用在更具價值與極重要目標上。很多同仁反映，學會後不只運用於工作，生活與親子教育都用得上。其實，我更希望同仁不再被工作所定義，而是自己定義工作的價值，因為「take ownership」也代表願意勇敢承擔，提升思考格局。

我們的4DX是建立在利潤中心制下，飯店人因行業特性，相較於其他行業，天生就有使命必達的行動力，利潤中心制形成當責的小老闆文化，4DX讓成員能夠更聚焦極重要目標，貼近核心使命，兩者合起來成為組織執行力與人才培養的行動藍圖。新冠疫情讓晶華的轉型有如製作高壓急速的espresso，必須一次把積累三十年的功夫完全萃取，很慶幸，晶華不是花拳繡腿，不但成功過關，還練就更上乘武功，在危機中蛻變成共好、共創的高效能團隊。

巴菲特說：「在錯誤的路上，奔跑也沒用。」換個角度想，當在正確的路上，即便是漫步，也能到達目標。晶華是一個學習的環境，我不怕同仁犯錯，也希望把晶華打造成學習型組織，大家共同成長。

飯店業本來就是企業，而且是很特殊的服務業，包羅萬象，不一定非要學觀光或飯店管理才可以進入。台灣觀光業要再升級，就要從教育著手，把餐旅人才分成兩類，一類是技職，另一類是真正的企業經營，目前的飯店管理教育還是太偏重操作面。

為了補足這塊，除了教育訓練，我認為旁聽不同部門會議是很好的管道，日復一日潛移默化，慢慢形成共識與文化。晶華的會議很不一樣，若非機密，我很鼓勵有興趣的同仁旁聽，每週都有的行銷公關會議，其實是一種提案會議，可以觀摩其他人的提案技巧。

開會更是一種學習，跟我開會的同仁都知道，學習之心要無所不在，聆聽後要提問。晶華的董事會也是，與會的總經理們要先準備問題，把握機會請益董事，他們都是很好的老師。

從小老闆培養出總經理

每年感恩節，晶華都會點亮全台室內最高聖誕樹。二〇二一年，我邀請台北晶華酒店暨集團餐飲董事總經理吳偉正、捷絲旅台灣區總經理暨晶泉丰旅總經理陳惠芳、集團南部區域副總裁暨台南晶英總經理李靖文、太魯閣晶英總經理趙嘉綺，以及集團財務長林明月、營運長顧嘉惠、行銷公關副總經理張筠一同上台點燈。

我特別感謝他們，在疫情期間，跟著我把一天當成一星期在用，帶領同仁共同打拚，完成包含台北晶華轉型為城市渡假酒店、打造「晶華美食到你家」外帶外送平台事業體、集團數位轉型等目標。

二〇二〇年的感恩節，我跟太太到美國和岳父岳母團聚。那段時間裡，我遇到一位有趣的奇人 Dave Gibbons，他是一位牧師，也創辦自己的公司。我們交換了關於人生與企業的心得，他建議我，每次跟一到三人的深度交流是最適合我的能量形式，並分享耶穌也是挑選十二位使徒向外傳教。他的提點跟我的自覺不謀而合，我自覺，管理太多人不是我的強項，但我很會找善於「管理人」的主管，集團現任總經理們也都是從利潤中心制的小老闆一路歷練上來。

吳偉正擁有晶華集團完整的餐飲事業群經歷，從調酒師、上庭酒廊副理做起，到栢麗廳經理、台北晶華酒店餐飲部協理、集團餐飲營運總經理、集團餐飲副總裁，再升任台北晶華酒店暨集團餐飲董事總經理。集團有許多創新專案都是由他負責。

晶華第一位本土同仁、員工編號二號（一號為外國總經理）的陳惠芳是集團裡唯一籌備過晶華、晶英與捷絲旅三個品牌的總經理。在一九八八年、台北晶華還是工地時報到，先做臨時辦公室的祕書，開幕後，擔任過訂房業務、前台接待等多個部門主管，曾離開幾年，二〇〇七年回來參與蘭城晶英、捷絲旅、晶泉丰旅的籌備與營運管理，非常熟悉晶華文化與制度，所以很適合開創集團的新品牌。她也是４ＤＸ受益者，在工作與生活取得平衡，跑馬拉松、念ＥＭＢＡ，也把４ＤＸ應用於培養組織內的接班人才以及員工的多元職能上。

在晶華有不少「鳳還巢」與回鍋的人才，我們都很歡迎。像李靖文原是晶華集團人資主管，中間曾到其他飯店服務，二〇一四年，我請她接下台南晶英酒店總經理一職，開業第一年就獲利。林志玲在台南舉辦的世紀婚禮也是她帶著團隊完成，後來整合在地資源，推出一站式婚宴服務。二〇二一年，在台灣疫情嚴峻下開出台南十鼓捷絲旅，開業後的三個月開始獲利。她跳脫傳統飯店的行銷模式，有些創新做法甚至走得比總部還前面。對了，在成為飯店人之前，她是學校的英語老師。

我有個聘任總經理的心得，承接既有飯店可以用新人，但開設新飯店則反之，因為需要注入「本店的DNA」，簡言之，新飯店用舊人，老飯店用新人。

二〇一七年，重慶麗晶需要一個總經理，這是麗晶在二〇一六開幕的新旗艦飯店，對我們來說是很重要的指標。原本聘任的外國總經理跟業主處不好，我就想找一位能傳承品牌基因的總經理，看了一輪人選，決定調派時任台北晶華總經理楊雋翰，剛好他也有北京麗晶救火經驗。楊雋翰從宴會廳業務專員做起，再到集團館外餐廳的業務總監，二〇一一年後接下太魯閣晶英總經理，是當時業界最年輕的飯店總經理，成功讓太魯閣晶英轉虧為盈。

在楊雋翰之後，接任太魯閣晶英總經理的趙嘉綺是從廣播人變成飯店人，在集團內一路歷練，先後擔任過蘭城晶英酒店行銷企畫副總監、太魯閣晶英酒店行銷業務總監與執行副總，在她的帶領下，太魯閣晶英不斷扎根在地，深化服務內涵與質感，成了集團旗下最會圈粉的飯店。

集團行銷公關副總經理張筠也是從公關助理做起，晶華是她在飯店業的第一份工作，從只有一家台北晶華酒店到擁有全球麗晶、晶英、捷絲旅等品牌的國際酒店集團，她負責的行銷公關部等於是一家服務全集團的整合行銷公司。

2021年感恩節的前一天，晶華以「感恩」為主題舉辦了聖誕樹點燈儀式。潘思亮邀請林明月、趙嘉綺、吳偉正、陳惠芳、李靖文、顧嘉惠、張筠（由右二至左二）一同上台點燈，表達對全體同仁的感謝。

在晶華，這些從小老闆變成總經理的人才，他們曾經是調酒師、祕書、助理、英文老師、廣播主持人等不同背景，現在都是站上國際舞台，能獨當一面的CEO。飯店是包容度最大的行業，相較於找對的人上車，晶華更傾向成就更多發自內心的小老闆，進來了，就有機會成為對的人才。

經歷台北晶華轉型為城市渡假酒店，我們發現客氣有禮的迎賓門衛，可以是頂樓無邊際泳池的活動領隊；過去都接待國際菁英的大班前台，也有讓好動小朋友聽話的本事……，這讓集團開始全面鼓勵同仁發展多樣化職能與規劃多元學習。

還有更多臥虎藏龍的小老闆們，等待著我們挖掘。

1 潘思源從一九九〇年十二月到一九九一年十二月擔任晶華總裁，至今是晶華大股東，曾任晶華集團副董事長多年。他創辦泛太平洋集團，投資美國、兩岸等房地產，累積驚人財富，外界稱為天才神祕富豪。退休後的他，把心力放在古文物收藏與保存，以及公益事業。

2 香港麗晶和半島酒店都用勞斯萊斯接送客人。擁有全香港最美海景的香港麗晶更是全球奢華酒店代表，並榮獲多家機構評選為全球最佳酒店，為麗晶奠定品牌高度。八〇年代到九〇年代是麗晶的黃金時代，一九九二年《Condé Nast Traveler》的全球奢華酒店排名，前十四名裡有八家是麗晶酒店。

飯店是包容度最大的行業，相較於找對的人上車，晶華更傾向成就更多發自內心的小老闆。（攝影於2014年的晶華同學會）

「晶華郵輪」2020年「起航」至今，推出各式專屬航程，包括盡享美食的買6000送6000、東京美食之旅、環遊晶華雙城假期、萬聖節搞怪航程、聖誕雙層觀巴遊、盡享30一泊六食等。

晶華訂房網站

「晶華美食到你家」首創五星飯店美食外帶外送電商平台和得來速，在疫情期間業績全球第一，也成為晶華未來成長契機。這是全體晶華同仁在逆境下共好共創的奇蹟。

晶華美食到你家
Take Regent Home

第八章

水能量——成就他人的幸福感

經營如探索未來的旅程，真正要成就的是新視野。
經歷全球疫情的蛻變之旅，
啟迪了我們對「well-being & sustainability」的重視，
拓展出永續經營的新視野。

發現經營路上的新視野

人的生命中要有道，企業也要經營有道。

我很喜歡馬塞爾・普魯斯特（Marcel Proust）對旅行意義的一段闡述：「The real voyage of discovery consists not in seeking new landscape, but in having new eyes.」旅行能夠成就新視野，經營亦如探索未來的旅程，人往往把目光放在尋找新風景，卻忽略真正要成就的是新視野。

在疫情之中，我們實踐將心比心，啟迪了對「well-being & sustainability」，也就是個體幸福感與人類福祉的重視，是晶華集團經歷全球疫情的蛻變之旅，所拓展出永續經營的新視野。

不過，這並非憑空而出的想法，而是一種突然理解了過去為何的恍然大悟，這比較難在順風順水時領會，就像品茶，茶雖甘美，要能體現出茶道，卻是在品茶者的心境。

我把二〇二〇年訂為晶華「well-being」元年，從身心靈、家庭、社區、ESG、學習等面向融入永續經營，期許晶華就是幸福感的存在。飯店業本來就是款待人的行業，是人們享受與創造喜悅與幸福的場所，渡假、宴客、婚禮、慶賀、購物、聚餐、會議學習……，一直以來，晶華致力於用服務感動世界（serve to move the world），成就他人的幸福感。

當我下了這個決定後，回頭檢視晶華的品牌基因，發現在全球SARS疫情後，就萌芽了初步概念。

位在台北晶華二十樓、占地一百三十坪的沐蘭SPA算是晶華最早與「well-being」對話的創作。雖然SARS衝擊時間約莫半年，卻啟發我們對飯店的另一種想像，台北晶華酒店不只是住宿、餐飲、觀光、購物之地，應該要能滿足身心放鬆的需求。我們從顧客體驗（total customer experience）去思考，還有什麼是能關照身心的尊寵款待？於是，聯想到SPA。頂尖城市渡假酒店，如香港半島酒店、曼谷東方酒店皆有頂級SPA服務。

既然要做，就要以「最好」為目標，不同於坊間飯店多半是找SPA業界合作，我們決心自創一個能代表亞洲文化的SPA品牌，從規劃、籌備、訓練、執行與整建，耗資美金兩百萬元，並取了一個很美的名字——沐蘭 Wellspring SPA。

沐蘭兩字來自〈楚辭．九歌〉裡的「浴蘭湯兮沐芳，華彩衣兮若英，靈連蜷兮既留，爛昭昭兮未央。」命名寓意是親水、芳香、光彩，找了知名書法家董陽孜題字，新加坡籍法蘭克林．鮑（Franklin Po）設計空間，把ＳＰＡ的水元素巧妙流轉於五感之中，更延攬峇里島四季酒店數度榮獲世界最佳ＳＰＡ紀錄的推手，也是酒店首席芳療顧問Sofia，由她全程規劃療程與培訓專業芳療師。

二〇〇六年開幕的那一年，的確是市場首創。二十樓絕佳景觀，擁有八間十三坪大小的單人芳療套房、兩間占地二十五坪的雙人芳療套房，每間芳療室的設備皆獨立完整，更衣、淋浴、浴池、蒸氣室一應俱全，芳療床和休憩用的鴉片床倚窗而立，各享不同風景。整個場域氛圍，由入口潺潺流水聲開啟，視線所及、聞嗅香氣、入耳樂音、觸摸手感到品嘗輕食，以及專業芳療師無微不至的呵護，讓顧客沉浸於天然純淨、隨四季而變化的五感體驗，由內到外感受身心的舒放。

沐蘭ＳＰＡ也不負眾望，自二〇一六年起，連續六年獲得世界ＳＰＡ大獎（World SPA Award）所頒發的最佳飯店ＳＰＡ首獎。我們認為，ＳＰＡ不只是在晶華酒店裡內的療程，也能是一種身心放鬆的生活方式，集團旗下各飯店的沐浴備品出自沐蘭，也推出居家系列產品，「晶華美食到你家」成立後，也上架到線上平台，讓顧客在家也能享受沐蘭ＳＰＡ的呵護。

若說ＳＡＲＳ讓我們萌芽概念，COVID-19 則讓晶華深入朝向點線面的串連。中醫師張南雄博士是我的好友，他在美國矽谷創辦運用人工智慧以及大數據演算技術的「問止中醫」，我就把這套ＡＩ（人工智慧）漢方諮詢系統引進晶華。

一開始是想要為同仁們提供保健養生的建議，不少人獲益良多，之後擴展至飯店的VIP，同樣廣受好評。我們覺得可以讓更多人體驗，正式將AI漢方諮詢導入沐蘭SPA，依個人體質狀況，提供合適配方，在原本療程中加入漢方菁華。同時，針對疫情需求，推出養生茶包、足浴包與沐浴包，以及失眠、免疫、強化心肺功能與體內排毒的芳香療程。

二〇二〇年，我們重新定義台北晶華，把整家飯店一分為五，形成台北晶華酒店裡的不同主題飯店（見第三章），二十樓主攻身心療癒，這層樓有沐蘭SPA，另一側還有坐擁國際都會景致的瑜伽教室、沐蘭套房 SPA Villa。

不同於商務套房，沐蘭套房以木質主調呈現靜謐、放鬆的渡假氛圍。全室實木地板，臨窗的不是坐椅，而是刻意放低高度的紗幔雙人睡床，窗台亦有巧思，上頭多了一道可自由推拉的緊實木窗櫺，可隔絕外界與光線，建議不要全關，留些空隙，我一直覺得被陽光喚醒是最「well-being」的起床法。

臨窗的睡床除了能一覽無遺二十層高空風景，也能作為指壓床，沐蘭SPA也為沐蘭套房量身打造可在床上施作的助眠療程，透過獨特指壓技法，按摩眼部、頭部、肩頸等部位穴點，舒緩壓力，讓睡意自然襲來。最棒的是，做完療程便可直接入眠，芳療師會輕悄退場，貼心的讓顧客完全不用移動，全然放鬆。若你跟我一樣有過失眠經驗，就會知道，珍貴的睡意有多怕被打斷。

沐蘭SPA連續六年獲得世界SPA大獎首獎，從窗外風景、場域氛圍、五感體驗，展現一種身心放鬆的生活方式。

反璞歸真，將「well-being」融入組織

坦白說，二〇二〇年，我在集團內講「well-being」時，還是停留在健康的出發點，講了一年半，依然覺得有未竟之事，但明確知道，晶華的目標是要在企業文化與營運策略全面融入。跨過二〇二一年倒數，迎來二〇二二年，我的腦袋裡出現了清晰定義──就企業與人生經營來說，它就是不折不扣的ESG與企業社會責任，也包含了個人對家庭的ESG。

企業要能永續，ESG是關鍵（ESG is how）。疫情讓我重新發現晶華精神，與晶華人的可愛，過去的我們在追求EPS（每股獲利）之餘，也落實了對環境友善，強化公司治理與善盡社會責任。有許多在我們看來理所當然的作為，實則符合聯合國永續發展目標（SDGs）。觀光產業是「環境財」，先天就要懂得與周遭環境共生，與利害關係人（stakeholders）共好，只要能夠將心比心，就會渾然天成的朝向永續發展，因為如此，讓晶華的ESG之路在不知不覺中啟動。

一開始，大家是從「專案」的「點」出發。例如活動結合愛心慈善、參與社區公益、幫助社會弱勢，像是與基金會合作，協助身心障礙人士學習一技之長；盡環保之責，將客用消耗性備品有效再利用，把剩餘的捲筒衛生紙集結成箱，連同客房沐浴備品，捐贈給有需要的教養院。

也有不少同仁主動投入公益。像是一九九三年進入晶華，現任ROBIN'S鐵板燒行政主廚陳春生就是一例。

人稱鐵板燒老爹的他，常被政商名流指名服務，ROBIN'S鐵板燒蛋炒飯出自於他的創作。雖然只用了培根爆香，加入比飯粒小的紅蘿蔔與洋蔥、蒜末、蛋與白飯，卻創造不簡單的傳承美味。陳春生另一身分是義煮團召集人，以自身名廚光環，奉獻花蓮黎明教養院，從兩人組到百人志工團，號召中廣節目聽友以及一群追「星」的粉絲，自動自發擔任廚房二手、打雜幫手，參與成員不乏機長、教授、醫師、律師、貴婦等。

陳春生的人生故事就像那首「向前走」：「再會我的故鄉和親戚……阮欲來去台北來打拚。」小時住在颱風來就要用粗鐵線、大石頭固定屋頂，否則會被吹走的陋屋。他說自己因晶華有了幸福人生，要將心比心，義煮公益一做就是好幾年。由此可見，觀光旅遊是最能廣納各階層的行業，促進社會流動（social mobility），更提供大量就業機會，對全球GDP的貢獻達百分之十[1]。無論城市或鄉村，觀光也是與在地經濟連結最深的產業，照顧到中小企業與個體戶，更是LGBT友善、性別平權、就業平等的產業。

或許，這也是觀光產業的幸運之處，當其他產業討論ESG，費心如何找到實際方法去落實，以及糾結初期投入成本會影響財報時，觀光產業因為與人類追求幸福快樂目標一致，形成天然的ESG場域。晶華以「well-being」作為事業意義，只是反璞歸真，在日常實踐永續的志業。

我們在防疫下，全面提升對同仁、客人、家人和社會的保障，在身心靈、家庭、飲食、學習、社會、環境、文化等面向共好，所以，晶華的「well-being」追求的是ESG×永續×身心靈的全方位整合，是從企業、個人到家庭。

舉例而言，對應在工作上，就是幫助大家明天可以比今天變得更好，一位管理十人的主管，幫助十人共好，管理一千人的總經理就幫助一千人更好。正能量很容易帶動影響力。每個晶華人都是一個「well-being」的小齒輪，一起轉動後，做的每件事都可以變成讓世界更好的動力。

回到晶華講的將心比心，「well-being」不只是對企業、個人的工作有益，對每個人的生活、家庭、朋友更是，因而要包含個人對家庭的ESG。

讓我有這樣靈感是來自於我的妻子Constance。她不只是太太、孩子的母親，也是連結家庭與家族情感的人。我在她身上看見女性的神聖與美好，以她的方式做到家庭的ESG。我從她那也學到不少美德，不僅是對家人，對她參與的群體組織都大方奉獻，低調不願為人知。

我在柏克萊大學初見Constance時，跟哥兒們坐在校園裡聊天，突然間看見一位女孩走過，好像飄逸仙女一般，當場跟室友說：「She is gonna be my wife.（她會成為我的妻子）」我想，這就是所謂的一見鍾情。

緣分就是這麼奇妙。幾個月後，我就在學校社團活動中遇到她，她是那場活動的主持人。不過，我給她的第一印象不太好，我一到會場，拿了餐點就要大快朵頤，被眼尖的她叫住，提醒活動結束才能取用。好吧！算是「另類」讓女神記住我！

剛好我們都主修經濟，我上課會認真聽講，但不抄筆記，考前都會跟她借筆記，讀她的筆記我都拿到A。大學畢業後，她成為財務分析師，我繼續攻讀哥倫比亞MBA。雙方早就互許終身，讀研究所期間是她養我，讓我能專心學業。二十三歲研究所畢業的那年，我們結婚。地點在舊金山教堂，我哥哥是司機，伴郎是我好友吳可方，他在過程還發生一件糗事，忘記帶新人的婚戒到教堂，又再飛車回去拿，被我們這群同學笑了半天。吳可方是我的高中同學，也是我在美國認識的第一個好朋友，現在負責我們在美國房地產的投資開發。

二十六歲時，我回來台北，Constance是在美國出生的華裔第二代，不太會講中文，為了看懂女兒的課業，報名師大中文課程，從頭學起，用功到師大還給她獎學金，小學課本她都買兩本，跟女兒一起讀。我最佩服她井然有序，她生長在軍人世家[2]，承襲了家族榮譽感、責任感和正義感，只要是想做的事，就能條理分明，按部就班去規劃執行，我也為她引以為傲。經營晶華三十年，感謝生命中有她的存在，以及全心全意支持，她是我人生最大的幸福感。從Constance身上，我更體會到「well-being」的實踐必須要從家庭開始。

潘思亮在柏克萊大學初見 Constance 就一見鍾情，認定她會成為將來的妻子。二十三歲時，兩人在舊金山 Grace 教堂結婚。

成就人類追求福祉的產業

我有種強烈的感覺，晶華要成為「well-being」的真實存在，是一股水到渠成的能量。我們講「將心比心」超過二十年，將心比心也是利他利己思維，無形之中影響行事的起心動念。

觀光產業受到新冠疫情重創，我一開始就決定與同仁「共生」，不裁員不減薪；因著這個念頭與決定，再建議政府與企業共生，補貼薪資共度艱困初期。然後，政府加碼提供了補助，讓我們開出大量培訓課程，啟動集團「共學」與「共創」。不僅如此，對外，我們找了失業的導遊來教學，讓同仁了解商圈的鄰里文化，同業需要收入，我們需要充實在地文化知識，這是內外在的「共好」。

期間，我也受到多家國外媒體與組織之邀，透過 Zoom 等視訊工具，把台灣防疫、晶華轉型經驗分享給世界，與國際共好，也做到我們使命之一的「把台灣最好的帶給世界」。

經過此戰疫，我深深了解到與同仁、社會和政府共好的必要性。其實，我也不是一開始就這樣經營晶華的，二十多歲的我想的是股東權益極大化，重視財務績效，隨著經營的過程，當你想要走向永續，自然會想著同仁、客人、股東、社會、環境等利害關係人權益，包含天地人之間的關係，特別是二〇一〇年後，晶華真正變成國際飯店集團。

新冠疫情這兩年，我覺得是一個重新定義晶華的契機，也看見了過去都有在做的共好之事，加速我們往「well-being」方向前進。

我在加大柏克萊和哥倫比亞大學在台校友會上，看到有趣現象，出現不少老中青三代或是素未謀面的人，像是台商、華僑、在海外出生的華人。那麼多人願意回來，是因台灣的防疫相對安全，可能是有史以來最多人回到台灣的時候了，大家都看見台灣的美好。

其實，台灣一直都是這樣的，只是我們太習以為常。

台灣本就是世界上宜居之地，疫情後，應該重新定位台灣價值，搭配留才方案，進一步促進人才回流，有機會打造未來黃金三十年。

我看見的台灣，是一個同時擁有中華文化（Chinese culture）、日本生活格調（Japanese lifestyle）和美式商業價值（American business values）的超級福祉強權——Well-being Superpower，啟動了台灣黃金三十年，也是晶華重生的三十年。

而在未來裡，人們的工作、生活、學習與娛樂的邊界也消融了，如果能夠融入「well-being」，人們的快樂指數更能提升。飯店涵蓋百業，晶華的目標就是升級為成就人類追求福祉的產業，以志業的精神來經營企業。

因應界線消失的趨勢，我們在疫情期間全新開發出晶英薈旅（SILKS X）新品牌，進駐東森集團林口總部的二十九到三十六樓，預計二〇二六年開幕。晶英薈旅就是強調跨界，同時滿足工作、生活與休閒的多種需求，房間設計也會不同，更適合長住、工作，當然也會在其中詮釋我們對「well-being」的重新想像。

借用麗晶創辦人伯恩斯（Robert H. Burns）名言：「The only thing we specialize in is luxury, and the only thing our hotels have in common is the fact that they are all unique.」獨特是晶華旗下每家飯店的共通點，我相信，晶華在滿足人類追求福祉的創作上，也會是獨一無二。

發展員工通往幸福感的道路

每年，集團都會做兩次的「R12」，評量員工對工作滿意度與向心力。R代表Regent，顧名思義，是十二道自我評量的提問，有點像是員工對工作感受的快篩劑，同仁都知道我特別重視。利潤中心制度下，各事業部門本來就有明確的KPI目標，因而這十二道題目關注的是非數字面向，想反映員工投入度、認同感、留任與期望，以作為主管與人資部門及早給出激勵因子，或擬出合適的成長方案。它也是一面主管將心比心的明鏡，培養帶人領導的基本方向。

例如個人在工作上是否有機會表現以及學習成長；公司使命對員工在工作上有無影響力；主管是否忘了傾聽或讚美團隊成員、公司是否有好朋友、會不會推薦親戚朋友來集團工作……，它也是管理者自我覺察的好工具，可以積極傾聽同仁，與團隊共同學習。許多文獻與研究指出，工作、健康和良好的人際關係，都能提升員工的幸福感，而提高幸福感可以降低個人的職業倦怠感，強化心理韌性（resilience）與提升績效。

最近，人資部門新增了「我工作上的快樂指數」問卷，進一步了解團隊氛圍、工作環境、學習機會、單位主管管理方式、公司文化和工作量等指標。透過「R12」與「工作快樂指數」希望能比過去更深入了解員工幸福感。

危機激發大家的向心力，也讓我們看見自身擁有的獨特性——升級為能夠共學、共創與共好的團隊。晶華人一直處在高速運轉的工作節奏，兩年疫情，為了求生蛻變，更是極速前進。

想想，領導也是一門款待的藝術，應該將心比心，成就員工的幸福感。我希望，晶華集團未來是朝向員工的內在幸福感來增加績效，讓團隊成員充滿激情，共學共創、關愛共好，工作的同時，也過上有意義的生活，這才能長久。

另外，我想強調的是，任何作為，不該強加在客人身上。比如，從ESG角度，飯店的瓶裝水不環保，但在將心比心的款待之道上，若不提供瓶裝水，客人會覺得不方便。我們可以在組織層面實行ESG，但不能強迫客人遵循。

十年前談連續住房，希望房客響應綠色地球，不更換床單，很多客人不習慣，我們也不會強制。晶華是讓每位飯店總經理自己決定如何在商業與環保之間取得平衡，不能因為我們的堅持損及客人的權益，它應該是選項，交由客人自由選擇。

企業經營永續是商業條件，得到客人的認同，才有本錢落實。「well-being」不是信仰，不是宗教，是lifestyle。晶華不一定堅持要走第一，但晶華人的心中要ready！

又比如，我請張南雄調製的養生茶、我實驗過的淨化蔬果昔，都可以在晶華的餐廳、沐蘭SPA、大班廊品嘗到。我們把蔬果主流化，成為晶華美食，是為了提供消費者多一個健康的選擇，但不是非要客人接受。

蔬果昔是二〇二〇年，我與太太到美國接生兒子時，同學Mike提供的健康配方，裡頭有甘藍、菠菜、香蕉、蘋果、薑、杏仁奶等。本來，我就喜歡吃沙拉，以前沒機會做，隔離期間每天動手，較醜的蔬果用來打蔬果昔，好看的用於午餐沙拉，符合環保概念。我很隨興，冰箱有什麼食材就拿來配比，綠色蔬菜約占一半，再加入新鮮水果、堅果類與草本植物種籽，就能打出一杯原汁原味的健康飲。

連續喝了一個多月，回台灣後，在例行健檢發現原先偏高的膽固醇，在總膽固醇與低密度脂蛋白膽固醇（LDL，壞膽固醇）數字均下降百分之四十，連醫生都驚訝問我做了什麼。這證明飲食可以帶來改變。

潘思亮把人工智慧的漢方諮詢系統導入晶華沐蘭Wellspring SPA，結合現代科技創造獨特的養生體驗，掃描並偵測人體細節，從按摩和運動習慣，再到最佳飲食安排，為每位客人量身訂製「well-being」計畫。

我親身嘗試過的好事物，都會分享給晶華團隊，當然也推廣蔬果昔，由研發團隊改良成更綿細的口感，推出多款百分百健康美味的淨化蔬果昔。我推薦給美食大老姚舜，他形容：「這真是可以喝的沙拉吧！」有如我最愛的ROBIN'S沙拉吧。

我還想過結合現代科技創造獨特的養生體驗，掃描並偵測人體細節，從按摩和運動習慣，再到最佳飲食安排，為每位客人量身訂製「well-being」計畫，也許等待時機更成熟時推出。

過去的我看重效率，先是打了多年壁球，因為一小時能消耗約一千卡路里，但壁球太激烈，隨年齡增長，時有運動傷害，近年改練泰拳，也是一小時約能消耗八百卡路里。疫情期間，我嘗試新的生活形態，精確的說，變得更「well-being」，比如以蔬果昔開始每一天，在太太的建議下，學PQ、練游泳、盡量晚上十一點就寢……，身心靈有很大轉變。

一份將心比心的邀請

我曾問自己，人生大可以很輕鬆的過活，為何二十多年前要借那麼多錢，跟一個當時比自己強十倍的大老買回所有股權，自己來經營晶華？

於公，我有責任確保晶華能夠穩健經營下去，才不會愧對員工與股東；於私，晶華是父親創辦的事業。雖然我無法像父親那樣大度，把身家都捐出去，如今回想，從年輕開始就對物質表象較無感，喜歡追求智慧與意義。我也不是那種擁有飛機、遊艇就會開心的人，會令我樂在其中是成就他人。

有人說，成就他人會產生一種啟蒙後的自利（enlightened self-interest），一個人只要努力追求所屬族群的利益，最後就會實現自己的利益。事實也是如此，現在，成就他人的幸福感成為我的新快樂指數。

這本書像是為過去三十年做了總結，若沒有這兩年多的疫情，晶華的故事不會如此精采，危機讓晶華蛻變重生，我感覺自己也像是啟動第二人生。

總結並不是就此劃下句點，而是新旅程的起步。我也還在學，學習是我的休閒娛樂，也是人生態度。

走過晶華三十年，三十而立大禮是疫情淬鍊出重生之旅，長出新生的晶華，讓我想起老子說的「含德之厚，比於赤子[3]」。

意思是我們的生命要深厚，應該具有像赤子一樣的厚德，嬰兒的生命深厚是因為初生階段還沒有任何流失，但成人往往隨著成長過程中失去真實，流失本德，所以人需要復歸於赤子，我也是在這兩年發現新生（to give new life）的重要性。

真正的發現之旅不在於尋找全新景致，而在於擁有新的視野。將心比心的邀請你，若晶華的故事能帶給疫情後的世界些許新思維或改變的行動，我想，那就一起以「well-being」去開啟共好、共創與共學的新世界吧！

給思索挑戰、蛻變，以及努力踏上發現之旅的所有人。

你希望擁有什麼新的視野呢？

---

1 世界觀光旅遊業委員會（World Travel & Tourism Council, WTTC）指出，全球觀光旅遊業經濟產值占全球GDP約百分之十，也創造出超過百分之十就業人口，在歐洲與東南亞等觀光大國更超過此數字。台灣的觀光旅遊業也占了GDP約百分之四。

2 Constance的祖父蔣鼎文（1893-1974）官拜陸軍一級上將，外祖父冷欣（1900-1987）是二戰大陸軍區受降將軍。後來Constance在紐約古董拍賣會成功標下蔣鼎文的所有勳章（含青天白日勳章），保存傳家之寶。

3 出自老子《道德經》第五十五章：「含德之厚，比於赤子。蜂蠆虺蛇不螫，猛獸不據，攫鳥不搏。骨弱筋柔而握固，不知牝牡之合而全作，精之至也。終日號而不嗄，和之至也。知和曰常，知常曰明，益生曰祥，心使氣曰強。物壯則老，謂之不道，不道早已。」

疫後新商模：五星飯店暨住宅綜合體開發營運

二〇二二年五月初，越南最大島嶼——富國島上的富國島麗晶酒店（Regent Phu Quoc）開幕，它是全亞洲最成功的五星渡假酒店暨別墅綜合開發案，銷售金額為整體開發成本的兩倍，更創下飯店房間開幕即全數完售的佳績。

富國島麗晶位於越南西南海岸，坐擁得天獨厚的自然資源，毗鄰白色沙灘與聯合國世界生物圈保護區。為了讓美景環繞，我們挖了兩個內海，讓建築群能夠全部面海，整體園區共有一百二十間飯店客房（120 keys）、四十二個兩房的 Sky Villa（84 keys）、兩房與三房不等的八十個獨棟 Unit Villa（198 keys），加起來共有四百二十個房間（420 keys），所有Villa房型皆有私人游泳池。

如何創造最高價值?這個綜合開發案之所以成功在於把不動產變成能夠創造現金流的自住暨投資理財商品，買下不動產產權的擁有者同時是委託飯店經營管理的房東，非自住時，Villa 融入飯店整體經營管理，換取收入。以兩房的 Sky Villa 為例，可以整戶預訂，也可以拆成一大一小的兩間房（2 keys）預訂，同時滿足家庭與個人旅遊需求的客層（圖7）。

五星飯店暨住宅綜合開發與營運也是我所看見的晶華集團在台灣的利基，Regent 是五星品牌豪宅全球創新領導品牌，橫跨亞歐美三大洲，它可以讓開發商快速回收昂貴的土地與營建成本而回收飯店，也可以產生溢價效應，且加速不動產去化。

這種能極大化現金流的不動產式動產，需要五星飯店品牌規劃及營運，才能真正活化。因而，Regent 不僅是豪宅品牌，還能是有穩定現金流的投資商品，生活風格亦不再只有吃喝玩樂，更有理財，人生更為豐盛，這何嘗不是一種「modern lifestyle」的要素？

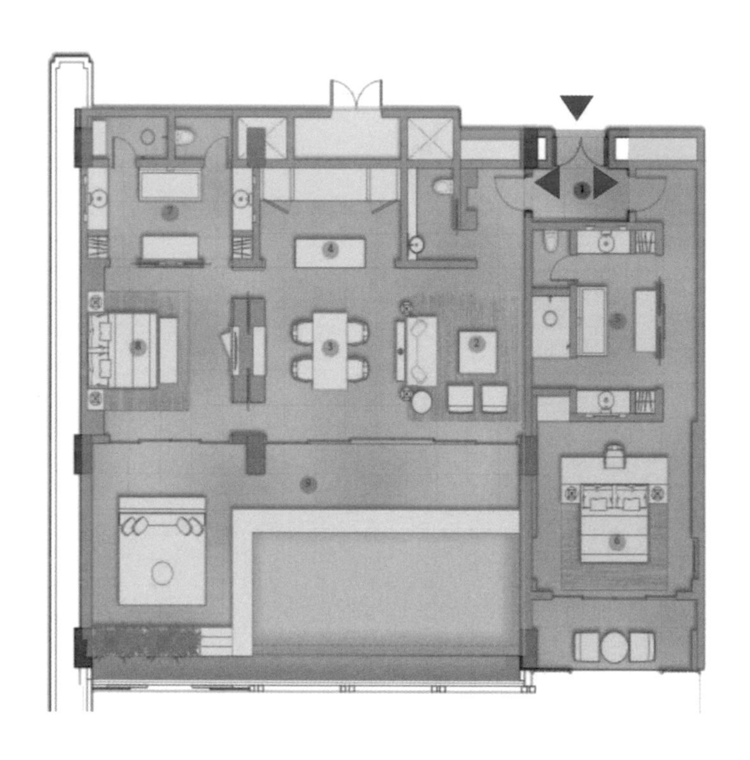

圖7　兩房 Sky Villa 的室內平面圖

（可兩房一併供家庭使用，或分割為一大泳池Villa加一小套房供兩組客人使用。）

富國島麗晶酒店建築物全部面海，且所有Sky Villa房型皆有私人游泳池。

雅加達麗晶酒店（Regent Jakarta）除了是五星級豪華酒店之外，還包括頂級豪宅以及國際企業辦公設施。

海景豪邸結合晶華集團服務，設立波士頓全新奢華典範。（圖為Boston Seaport Echelon by Regent）

麗晶五星品牌豪宅（Regent Residences）分布歐亞美三大陸，這將是麗晶在台灣主要發展模式。〔上圖為黑山港麗晶（Regent Porto Montenegro），下圖為越南富國島麗晶（Regent Phu Quoc）〕

之末

思索：企業的信仰與修養

書的最後，來談談從「經營」到「經營之道」，這個極重要卻常被忽略的永續密碼——企業的信仰與修養。

哲人說，信仰的路可以依靠上帝，修養的路靠自己做主。對應到企業與組織（圖8），信仰是企業存在目的，以及奉行的品牌（企業）哲學觀點，通常會有崇高或可擴展的遠大志向或夢想，並連結願景、使命與價值觀，生成智慧。

修養是企業的實現之路，延續著信仰，精進本業，在產品與服務上創新，獲得成長的力量，努力不懈的強化組織能力與培養團隊，以利提高境界（業界競爭優勢）。修養也是品德的修練養性，等同企業品格，企業依據良心行事，也說明如何透過產品的技術面與團隊的執行面來善盡社會責任、ESG。

企業
存在的目的
Purpose
水能量：永續的力量

信仰

品牌哲學
Philosophy
風能量：智慧的力量

修養

創新服務
與產品思維
Product
土能量：生長的力量

修養

組織執行力
與人才培養
People
火能量：團隊的力量

圖8　企業的信仰與修養

如果一個企業沒有明確的信仰與修養，不追求自身存在對於消費者、社會的意義，那麼遇上幾次的大風浪，或是一次海嘯級的重創，很容易活不下去。

台灣的企業很會經營，但常忘了思索企業的信仰與修養，以致無法提升格局，從經營形成經營之道。任何世界級企業以及其領導人都會有屬於他們的經營之道。

經營與經營之道是兩種不同的視野，多數的公司領導者不太注意兩者差異。懂經營，只能算是擁有執行或技術的相對優勢，等到企業進入成熟期與衰退期，就會發現愈來愈力有未逮，每遇危機多半心力交瘁，無法真正把危機變成生機。

最上乘企業家與領導者則懂得聚焦於經營之道，不斷追問、思考以及闡述哲思，以終為始，創造願景領導的絕對優勢。受到全球盛譽的企業家、日本經營之聖稻盛和夫說的貼切：「如果沒有崇高的思想或人生觀，絕不足以服人。想要經營得有聲有色，就必須好好琢磨自己的思考方式、人生觀與哲學思維。」

稻盛和夫更認為，企業若要茁壯，要培養出有共同哲學觀的人才，以此哲學為根基，做出判斷，採取行動。也就是說，一切作為背後的經營哲理，才是最值得取經之處。

比起管理祕訣，思考的哲理才是珍寶。

然而，要從經營到經營之道，需要時間與歷練，無論是歷經攀登高峰、逆境危機，或是挫折失敗、榮光讚譽等，所有情境都是領導者的心性試煉，考驗著企業的信仰與修養。正因為通透此理，潘思亮帶領晶華集團持續自我超越，正面、積極把危機視作挑戰的機運，與團隊在逆境裡尋轉變，從困局中思創新，由超越邁向卓越，成為全球飯店產業的創新典範。

事實上，宇宙已教會了我們這個道理。

為什麼高溫烹製的料理，如炙燒海鮮、碳烤牛排、大火熱炒，總有漂亮的金黃褐色勾人食慾，並散發香氣引出貪饞之魂？原來，那垂涎三尺的祕訣就在梅納反應（Maillard Reaction）——一種透過炙熱溫度，糖類與蛋白質共舞出能夠變幻滋味，香味更為濃郁的化學作用[1]。而且隨著各種蛋白質與不同含糖量，在適當高溫區間，誘發出一連串的千變萬化風味，可以說懂得梅納反應，料理如虎添翼。比如，海鮮含脂量少，希望保有梅納反應的好處（更有味道），又不想提高溫度或延長烹煮時間，冒險去破壞脆弱的魚肉或蝦類（變乾變硬），就可以用糖和奶油來促進反應。

突如其來的危機，就像被丟進瞬間上升高溫，面對比平常更大量的「熱能」，與其任由高溫灼焦，不如視作因緣俱足的熱能，化為促成梅納反應的動能，使人生風味更勝一籌，增添上色。

我們該如何面對最困難的逆境？該如何使心靈變得強大？儘管不確定、對未來有疑慮，都勇敢重新對焦，瞄準未來，讓改變發生。命運，隱藏於個性之中，思維會衍生相對應的結局，而思維出自於心。

一切唯心造，最終，心才是開拓人生與企業的關鍵。這世上真正覺證者少之又少，但我們都能成為一位尋求啟迪智慧的人。

今天的你會比昨天更好，是時候繼續往前走了！

---

1 梅納反應是法國醫學家路易．梅納（Louis-Camille Maillard）在一九一二年發現，是料理科學里程碑。揭開許多含蛋白質與糖類的食物，在加熱過程中，通常會快速在攝氏一百四十度到一百七十度（華氏兩百八十四度至三百三十八度）之間，胺基酸（蛋白質基礎單位）與還原糖類（例如葡萄糖、果糖）產生反應，製造出新的獨特氣味化合物（dicarbonyls - 二羰基化合物），然後再與更多的胺基酸作用，形成其他化合物，最後產出梅納汀褐色素（melanoidin pigment），這也是高溫或烘烤食物表面會有漂亮的金黃色或褐色的原因，亦稱褐變反應（但要小心不要太過致焦）。依據著胺基酸和糖類的不同，加熱產生的氣味化合物也可能不同。舉例而言，紅肉中的含硫胺基酸「半胱胺酸（cysteine）」會與還原糖作用成噻唑（thiazoles）與噻吩（thiophenes），也就是大家熟悉的烤肉味重要分子。

潘思亮　後記

I. 承先啟後——感念三位長輩貴人

經營晶華的路上，我特別感念三位與晶華淵源深厚的長輩大老。

第一位是上海商銀榮譽董事長榮鴻慶（1923-2022）。二〇二二年初，我們還在Zoom上開董事會，他是工作到最後一天的人，我十分敬佩這位見證了兩岸三地金融發展史的台灣最資深銀行家。

榮董是清末民初時，人稱紡織大王、麵粉大王的知名企業家榮宗敬之子，一九一九年榮宗敬成為上海商銀最大股東，因大陸淪陷上海商銀關閉，只留香港分行，一直到一九六五年時，榮家才在台灣重新註冊復業。榮董還有位有名的堂哥，就是曾任中華人民共和國副主席榮毅仁。

我與榮董的淵源，不僅是晶華與上海商銀旗下中國旅行社共同投資太魯閣晶英，潘家與榮家更是三代世交。一九六〇年代，父親經營拆船事業，就是透過上海商銀的香港分行開信用狀（LC），上海商銀重新在台灣復行時，父親順理成章成為第一批客戶，我們在美國也是與上海商銀舊金山分行往來。至於潘家為什麼後來是上海商銀股東？起因是助人，那時有位股東遺孀急需用錢，想賣掉股份，我們連價錢都沒有問，二話不說就答應了。

榮董非常念舊，雖然長居香港，每次回台灣一定住在台北晶華，跟我們同仁的感情很好。有一年回台開董事會，會議地點在其他五星級飯店，公司也幫他預訂住宿，結果當天晚上，他跟夫人又回來住晶華。兩、三年前，我們想重新裝修，怕榮董會不習慣，於是先把他們固定入住的那間雙人套房設計圖給他看，榮董針對年長者需求給了不少好的建議。

我還記得，他打電話來問我一些事，才知道他有在台北置產，忍不住問：「您在台北有房，怎麼回來都住飯店呢？」他回我：「房地產就是投資，我還是喜歡住晶華，像是回到家。」他是入住台北晶華最多天數的貴賓，共兩千多個夜晚。榮董對我的意義，不僅是世交情誼，上海商銀的企業文化更是晶華學習的標竿，從專業團隊的養成和當責（ownership），以及榮家祖孫三代的家風傳承與發揚光大，是我心日中家族企業典範。

哲人日已遠，典型在夙昔，我著實想念這位如沐春風的長者。

第二位是義美食品董事長高志尚，我跟高董相識在二〇〇〇年。那時，我準備買下陳由豪的股權，高董是大安銀行（後併入台新銀行）代表，最後我沒有跟大安銀行貸款，但與他成為莫逆之交。我們雖然相差十多歲，巧合的是，兩人同月同日生，都愛好古典樂，天南地北，什麼話題都能聊，除了企業，更有音樂。感恩亦兄亦友的高董對我和晶華的「牽成」。

多年來，高董給了我們許多珍貴的建議，熱心幫了很多忙，像是早年推薦晶華進駐機場；與新光集團合作的新光信義傑仕堡；新冠疫情期間，高董更是觀光服務業及時獲得政府補助的關鍵貴人。

我能在疫情嚴重初始，直接向時任交通部長林佳龍建言，正是因為高董聽完我的想法，第一時間打電話給觀光協會會長葉菊蘭，葉會長再安排我去見部長。沒有高董的居中聯繫，全球疫情剛爆發的衝擊，觀光服務業損失會更慘重。晶華也因有了第一波的政府補助，開啟轉型為學習型組織的契機。

第三位是前東帝士集團創辦人兼任總裁，曾任台北晶華董事長的陳由豪。

陳董大我二十多歲，我回台擔任台北晶華酒店總裁時，他是董事長，也就是我的老闆。回想起來，他給了各式各樣的考驗，也教會我許多世間事。台大經濟系畢業的他聰明果斷、又有遠見，化繁為簡的能力數一數二，當年堅持晶華要導入利潤中心制，亦為晶華打下良好的營運管理基礎，讓我們成為第一個導入利潤中心制的服務業。

只不過，晶華在一九九八年上市之後，我跟他有了不同立場。他想顧及東帝士集團利益，我想保護晶華與潘家的權利，兩人從對立演變到對抗。分道揚鑣前的最後兩年，雖然令我感到煎熬，但是相當於積累二十年才有的實戰經驗，也造就了今天的我。感謝那些年在陳董身邊歷練的機會。

人一輩子要感激的不只是支持我們的貴人，也要感激使自己變得更強壯的對手。

II. 入住晶華的國際大明星們

台北晶華接待過許多世界級領袖與全球知名明星，如美國前總統布希、前國務卿舒茲、麥可傑克森、世界三大男高音、湯姆．克魯斯、女神卡卡、惠妮．休斯頓、碧昂絲、麥可．喬登、柯比．布萊恩、阿格西、克勞蒂亞．雪佛、蘇菲．瑪索、茱麗葉．畢諾許、基努．李維、濱崎步、宮澤里惠、小室哲哉、安室奈美惠、韓國防彈少年團（BTS）、TWICE、BLACKPINK，還有李安、周星馳、張學友、劉德華、楊紫瓊等，法國大導演盧貝松的「露西」（LUCY）更選擇在台北晶華取景，作為電影裡的亞洲元素。

「流行樂之王」麥可．傑克森曾在一九九三年、一九九六年來台舉辦演唱會，九六年的那次，他的教母伊莉莎白．泰勒跟著來台，當時專為她調製的「Regent cooler」至今仍是晶華的經典飲品。

他的保安團隊早在半年前就來採點所有的五星級飯店，很榮幸，兩次都選擇台北晶華。關於麥可．傑克森的傳言很多，還說他只用 Evian 礦泉水洗澡，這非事實，在這為一代巨星「平反」。他經年巡迴全球開演唱會，那個年代未開發國家比較多，所以會帶好幾箱的礦泉水。只是因為有一次帶去的 Evian 沒喝完，隔天就要走了，水又無法帶走，物盡其用倒進浴缸泡澡，結果成了只用 Evian 洗澡的傳聞了。

我與他第一次相見是一九九六年，即使經過二十多年，我仍然能想起他的眼神，就如一位十歲小男孩的天真無邪，由於太特別了，令我留下極深的印象。一位成人身上怎麼會有如此純真的眼神？想想他的一生，從五、六歲開始與全家人四處演唱，生命裡只有表演與音樂，也被保護極好，所以他的音樂創作，是用如孩童的純真眼光看世界的變化。私底下的他亦是如此，我們見面時，他感謝晶華為他在房間準備的小鋼琴。

其實，真正的國際大明星是沒有架子的。我曾跟搖滾詩人、「The Police」樂團主唱史汀（Sting）在晶華的酒吧偶遇，然後很自然的開懷暢聊許久；瑪麗亞．凱莉（Mariah Carey）演唱會結束，回到飯店，跟著師傅一起做義大利麵，慰勞工作團隊；席琳．狄翁（Celine Dion）每次開演唱會，會帶著全家人，她最喜歡 ROBIN'S 鐵板燒；蘇菲．瑪索當年以奢華珠寶代言人來台出席在晶華舉辦的品牌派對時，我們因而認識，聊了半小時，之後變成朋友。

Constance and baby Lauren with VVIP, 1996

還有一位跟蘇菲．瑪索同樣曾出演〇〇七女郎的巨星楊紫瓊，我跟她是三十年的好朋友，她來台拍攝《新流星蝴蝶劍》時，我們一見如故。也是因為楊紫瓊，促成盧貝松決定來台北晶華拍攝電影「露西」，讓台灣街景入鏡國際電影。盧貝松在宣傳「第五元素」就住過晶華，十多年後，他再來台北晶華取景，晶華有些同事還成為臨演，比如VIP團隊洪智昌，他是晶華培訓出來的第一批管家人才，貼身服務過許多國際明星。

盧貝松拍攝電影期間，王效蘭女士請吃飯，我跟大導演有機會同桌深聊。我之前就看過他的作品，席間問他：「您的電影裡雖有不少暴力畫面，我觀察到拯救人類的關鍵都在一位女性身上，那是為什麼？」

盧貝松大笑回答：「我的電影都是關於愛。（It's about Love）」原來，這位大導演真正要闡述的不是暴力，而是愛，有幾部還是談大愛。

像電影「終極追殺令」（The Professional）的殺手與小女孩、「第五元素」蜜拉．喬娃維琪（Milla Jovovich）飾演的基因人類莉露、「露西」女主角史嘉蕾．喬韓森（Scarlett Johansson）進化到百分百的超智人類，消失於時空中，留下「我無所不在」的訊息，都是愛的化身。女性之於人類進化，是無窮盡的愛。

我的生命裡，也有一位愛的化身——我的太太Constance。

MY VERY OWN SUPERSTARS

財經企管 768

晶華菁華

潘思亮從成長到重生的經營抉擇與哲思

國家圖書館出版品預行編目(CIP)資料

晶華菁華：潘思亮從成長到重生的經營抉擇與哲思 / 林靜宜著. -- 第一版. -- 臺北市：遠見天下文化出版股份有限公司, 2022.05
296面；17x23公分. -- (財經企管；768)
ISBN 978-986-525-616-6(平裝)

1.CST: 企業管理 2.CST: 旅館業管理 3.CST: 旅館經營 4.CST: 人生哲學

494　　111007280

作者 — 林靜宜

總編輯 — 吳佩穎
副總編輯 — 黃安妮
責任編輯 — 黃筱涵
封面與內頁設計 — 張治倫工作室 林姿婷
內頁照片 — 晶華酒店提供

出版者 — 遠見天下文化出版股份有限公司
創辦人 — 高希均、王力行
遠見・天下文化 事業群董事長 — 高希均
事業群發行人／CEO — 王力行
天下文化社長 — 林天來
天下文化總經理 — 林芳燕
國際事務開發部兼版權中心總監 — 潘欣
法律顧問 — 理律法律事務所陳長文律師
著作權顧問 — 魏啟翔律師
社址 — 台北市 104 松江路 93 巷 1 號
讀者服務專線 — （02）2662-0012｜傳真 —（02）2662-0007；2662-0009
電子郵件信箱 — cwpc@cwgv.com.tw
直接郵撥帳號 — 1326703-6 號　遠見天下文化出版股份有限公司

製版廠 — 中原造像股份有限公司
印刷廠 — 中原造像股份有限公司
裝訂廠 — 中原造像股份有限公司
登記證 — 局版台業字第 2517 號
總經銷 — 大和書報圖書股份有限公司｜電話 —（02）8990-2588
出版日期 — 2022 年 6 月 1 日第一版第1次印行
　　　　　2022 年 10 月 7 日第一版第4次印行

定價 — NT 600 元
ISBN — 978-986-525-616-6
EISBN — 9789865256180（EPUB）；9789865256173（(PDF)
書號 — BCB768
天下文化官網 — bookzone.cwgv.com.tw

天下文化
BELIEVE IN READING